燃气行业从业人员专业教材

燃气具安装维修工

黎澄宇　石婷萍　主编

黄河水利出版社
·郑州·

内 容 提 要

　　本书根据燃气具安装维修工作及岗位考核要求共设置五个模块,第一个模块为燃气具安装维修基础知识,第二个模块为燃气具安装,第三个模块为燃气具维修和改装,第四个模块为燃气安全使用及泄漏处理,第五个模块为岗位考核解析。全书配有丰富的图片和视频等资料,并配有练习题,可实现扫二维码在线答题。该书比较系统、全面地阐述了燃气具安装维修的行业要求,是一本实用性和操作性较强的燃气专业新形态一体化基础教材。

　　本书可作为燃气相关行业管理人员和燃气相关企业员工的培训学习专业资料,还可以作为中、高等职业院校燃气专业学生的学习教材。

图书在版编目(CIP)数据

　　燃气具安装维修工/黎澄宇,石婷萍主编 . —郑州:黄河水利
出版社,2017.7
　　燃气行业从业人员专业教材
　　ISBN 978 - 7 - 5509 - 1785 - 9

　　Ⅰ . ①燃…　　Ⅱ . ①黎…　　②石…　　Ⅲ . ①燃气炉灶 - 灶具 -
安装 - 技术培训 - 教材②燃气炉灶 - 灶具 - 维修 - 技术培训 - 教
材③燃气热水器 - 安装 - 技术培训 - 教材④燃气热水器 - 维修 -
技术培训 - 教材　　Ⅳ . ①TS914.232②TS914.252

　　中国版本图书馆 CIP 数据核字(2017)第 157388 号

组稿编辑:谌莉　　电话:0371 - 66025355　　E-mail:113792756@ qq. com

出　版　社:黄河水利出版社
　　　　　　地址:河南省郑州市顺河路黄委会综合楼 14 层　　　　邮政编码:450003
发行单位:黄河水利出版社
　　　　　　发行部电话:0371 - 66026940、66020550、66028024、66022620(传真)
　　　　　　E-mail:hhslcbs@ 126. com
承印单位:河南承创印务有限公司
开本:787 mm × 1 092 mm　　1/16
印张:11.75
字数:272 千字　　　　　　　　　　　　　印数:1—4 000
版次:2017 年 7 月第 1 版　　　　　　　　印次:2017 年 7 月第 1 次印刷
定价:32.00 元

前 言

近几年,我国的燃气事业发展很快,使用燃气的城市和地区越来越广,燃气用户的数量越来越多,在这种形势下,势必要求燃气具生产厂家生产出更好的产品,以满足市场的需求。但是,燃气具能不能在用户家里用得好,用得安全,这涉及许多环节。首先是生产厂家的研发人员应该开发出性能优异的产品。其次,这些产品必须有可靠的元器件、先进的工艺与严格的操作保证。最后,产品变成商品进入用户家里后,还必须正确安装,并正确使用。燃气设备的正确安装和使用绝不能被忽视,否则就有可能在今后某个时刻造成用户的财产损失和人身伤亡事故。

为了保证让用户得到并安全地使用更多、更好的燃气具产品,必须有一支优秀的研发队伍和一支严格的生产队伍,同时也必须建立一支训练有素的安装维修队伍。不管在这个行业中具体从事什么工作,如果想成为一名合格的员工,就必须对燃气及燃气具的研发、生产与安装维修有一个比较全面的了解和认识。

随着国家简政放权、放管结合、优化服务改革的推进,国务院取消了一系列的职业资格许可和认定事项,由于燃气具安装维修涉及燃气用户用气的安全与可靠,所以燃气具安装维修工职业技能证不但没有被列入取消范围,反而成为燃气行业重要的职业技能证。为贯彻落实《城镇燃气管理条例》(国务院令第 583 号)精神及国家住房和城乡建设部制定的燃气从业人员专业培训考核管理办法,广州市交通运输职业学校组织燃气专业教师及燃气企业相关的技术人员编写了此书。

2016 年初开始,通过深入调研具有代表性的燃气企业并召开课程研讨会,进行教学实践等,历时 1 年多完成本书。本书可作为燃气相关行业管理人员和燃气相关企业员工的培训学习专业资料,还可以作为中、高等职业院校燃气专业学生的学习教材。

本书借鉴国际当代职业教育发展的理论与方法技术,反映燃气行业的专业要求和发展水平,以职业活动为导向、以职业能力为核心、以适应使用对象需求为原则。

本书由广州市交通运输职业学校黎澄宇、石婷萍主编,广州市交通运输职业学校陆文美、陈春花、李刚,广州港华燃气科技服务有限公司严世敏参编。具体编写分工为:第 1 章由陈春花编写,第 2 章、第 4 章由石婷萍编写,第 3 章由石婷萍和李刚编写,第 5 章、第 6 章、第 8 章、第 9 章、第 11 章由黎澄宇编写,第 7 章由严世敏编写,第 10 章由陆文美编写,全书由黎澄宇和陆文美统稿。同时,本书的编写得到了中山港华燃气有限公司杨朝波,上海林内有限公司齐建伟,广州港华燃气科技服务有限公司黄锦超,深圳市燃气集团股份有

限公司曾军、廖艳萍等的技术支持,在此一并表示感谢。

由于编者水平有限,书中错误和不足之处在所难免,为了更好地发展我国的燃气和燃气具事业,敬请各位同行和读者批评指正。

编　者

2017 年 3 月

目　录

1　燃气具安装维修基础知识

2　燃气具安装

3　燃气具维修和改装

4 燃气安全使用及泄漏处理

5 岗位考核解析

1 燃气具安装维修基础知识

第1章 燃气应用基础知识

1.1 燃烧的稳定性

1.1.1 燃气的燃烧

燃气中可燃成分和氧气混合,遇到火即发生燃烧,并放出光和热。燃气主要成分的化学反应方程如下:

$$CO + 0.5O_2 = CO_2 + 12.64 \text{ MJ}$$

$$CH_4 + 2O_2 = CO_2 + 2H_2O + 35.91 \text{ MJ}$$

$$C_3H_8 + 5O_2 = 3CO_2 + 4H_2O + 93.24 \text{ MJ}$$

$$C_4H_{10} + 6.5O_2 = 4CO_2 + 5H_2O + 123.65 \text{ MJ}$$

$$H_2S + 1.5O_2 = SO_2 + H_2O + 23.38 \text{ MJ}$$

$$H_2 + 0.5O_2 = H_2O + 10.8 \text{ MJ}$$

燃烧需要具备以下三个必要条件:

(1)燃烧物——在本书里讨论的是燃气。

(2)助燃物——氧气。

(3)点火源——让可燃物达到着火点温度以上。

常见的点火源有:

(1)明火,如火柴、打火机发出的火焰,烟头,以及焊接、切割时的动火。

(2)摩擦冲击产生的火花。

(3)电气火,不具备防爆性能的电气设备,因电路开启、切断和保险丝熔断等发出的火花,电气线路接触不良、短路等产生的点火。

(4)静电火花,电介质相互摩擦剥离或金属摩擦产生的静电。

(5)化学反应热,包括自然发热、绝热压缩和与其他化学性质抵触性物质接触起火。

(6)雷电起火。

1.1.2 燃烧稳定性

燃烧稳定性是以有无脱火、回火和黄焰的现象来衡量的。正常燃烧时,燃气离开火孔的速度同燃烧速度相适应,这样在火孔上形成一个稳定的火焰。

如果燃气离开火孔的速度大于燃烧速度,火焰就不能稳定在火孔出口处,而离开火孔一定距离,并有些颤动,这种现象叫脱火,如图1-1所示。由于天然气、沼气的火焰传播速度比焦炉煤气小得多,如果燃烧器加工设计不合适,则易产生脱火。

相反,如果燃气离开火孔的速度小于燃烧速度,火焰会缩入火孔内部,导致混合物在燃烧器内进行燃烧、加热,破坏一次空气(燃气燃烧前预先混合的空气)的引射,并形成化学不稳定燃烧,这种现象称为回火,如图1-2所示。

当燃烧时空气供应不足(风门关小),不会产生回火,但此时在火焰表面将形成黄色边缘,这种现象称为黄焰,如图1-3所示,它说明产生化学不完全燃烧。但当增大一次空气过量时,火焰就会缩短,甚至火从进气风门处冒出来,这也是常见的回火现象。

图1-1　燃气燃烧脱火　　　图1-2　燃气燃烧回火　　　图1-3　燃气燃烧出现黄焰

总之,脱火、回火和黄焰现象与一次空气系数、火孔出口流速、火孔直径以及制造燃烧器的材料等因素有关。

1.2　燃气燃烧器

1.2.1　燃烧器的分类

使燃气燃烧的装置叫燃气燃烧器。燃烧器的类型很多,分类方法各不相同。一般有下列几种分类方法。

1.2.1.1　按一次空气系数 α 的不同分类

预先混合的一次空气量与燃烧所需要的理论空气量之比称为一次空气系数。

(1)扩散式燃烧器:燃气中不预混空气,一次空气系数 $\alpha=0$。

(2)大气式燃烧器:燃气中预先混入一部分空气,$0<$一次空气系数 $\alpha<1$。

(3)无焰式燃烧器:燃气和空气完全预混,一次空气系数 $\alpha\geq1$。

1.2.1.2　按空气的供给方式分类

(1)引射式燃烧器:空气被燃气射流吸入或者燃气被空气射流吸入。

(2)鼓风式燃烧器:用鼓风设备将空气送入燃烧系统。

(3)自然引风式燃烧器:靠炉膛中的负压将空气吸入燃烧系统。

1.2.1.3　按供气压力不同分类

(1)低压燃烧器:燃气压力在5 kPa以下。

(2)高(中)压燃烧器:燃气压力在5 kPa~0.3 MPa。

1.2.2 常用燃烧器简介

1.2.2.1 扩散式燃烧器

最简单的扩散式燃烧器是在一根铜管或钢管上钻一排火孔而制成的。一定压力的燃气进入管内,经火孔逸出后从周围空气中获得氧气而燃烧,形成扩散火焰。该燃烧器的一次空气系数 $\alpha = 0$,燃烧所需的空气在燃烧过程中供给,其结构简单、使用方便、燃烧稳定,不会回火,但其燃烧速度较慢、火焰较长,如图1-4、图1-5所示。为达到完全燃烧需要较多的过剩空气,因此燃烧温度较低。

图1-4 扩散式燃烧器

图1-5 扩散式燃烧

扩散式燃烧器适用于温度不高但要求温度比较均匀的工业炉和民用燃具。小型扩散式燃烧器也常用作点火器。

1.2.2.2 大气式燃烧器

根据大气式燃烧方法设计的燃烧器称为大气式燃烧器,其一次空气系数 α 为 $0 \sim 1$,大气式燃烧器由头部及引射器两部分组成,如图1-6所示。

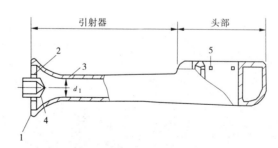

1—风门;2——次空气口;3—引射器喉部;4—喷嘴;5—火孔

图1-6 大气式燃烧器

1. 大气式燃烧器的工作原理

燃气在一定压力下,以一定流速从喷嘴流出,进入吸气收缩管,燃气靠本身的能量吸入一次空气,在引射器内,燃气和一次空气混合,然后经头部火孔流出,进行燃烧,形成本生火焰。

预先混合部分空气的燃烧器,一次空气系数通常取 0.6～0.9。燃气燃烧形成了火焰的内锥(焰芯),其余的燃气依靠扩散作用和周围的二次空气混合燃烧,形成火焰的外锥,火焰呈蓝色,在内、外焰交界处的火焰温度最高。

2. 优点

(1)由于大气式燃烧器预先混入了一部分空气,它比自然引风扩散式燃烧器火焰短、威力强、燃烧温度高。

(2)可以燃烧不同性质的燃气,燃烧比较安全,燃烧效率比较高,烟气 CO 含量较少,适应性强。

(3)可应用低压燃气,空气依靠燃气引入,不需要送风设备。

3. 应用

多火孔大气式燃烧器应用非常广泛,在家庭及公用事业中的燃气用具如家用灶、热水器、沸水器及食堂用灶中用得最广,在小型锅炉及工业炉上也有应用。单火孔大气式燃烧器在中小型锅炉及某些工业炉上广泛应用。

1.2.2.3 鼓风式燃烧器

鼓风式燃烧器是由鼓风机供给燃烧所需的全部空气的燃烧器,其一次空气系数为 0,燃烧热强度和火焰长度取决于燃气与空气的混合情况。为了强化燃烧,鼓风式燃烧器又有套管式、旋流叶片式、蜗壳式和平流式等多种形式。与相同热负荷的引射式燃烧器相比,鼓风式燃烧器结构较紧凑,当燃气和空气混合得较好时,火焰较短,热负荷调节范围较大,空气具有一定压力,提供了预热空气的可能性,但这种燃烧器需配备鼓风机,燃烧器本身也不能自己调节燃气和空气的混合比例。鼓风式燃烧器主要用于各种工业炉和大型锅炉。

1.2.2.4 无焰式燃烧器

无焰式燃烧器在燃烧之前,燃气与空气实现全部预混,燃烧过程中火焰很短,火焰外锥几乎完全消失,甚至完全看不见火焰,如图 1-7 所示。这种燃烧器一般采用引射器吸入空气,并使一次空气系数为 1,因此空气与燃气充分预混,在高温网络或火道中瞬间完成燃烧,火道热强度很高,燃烧温度也较高。

图 1-7 无焰式燃烧器

无焰式燃烧器的优点如下：

(1)燃烧完全,化学不完全燃烧较少。

(2)过剩空气少($\alpha = 1.05 \sim 1.10$),常用于工业炉,直接加热工件时,不会引起工件过分氧化。

(3)燃烧温度高,容易满足高温工艺的要求。

(4)火道无焰式燃烧器燃烧热强度大,容积热强度可达$(29 \sim 58) \times 10^6$ W/m³ 或更高,因而可缩小燃烧容积。

(5)设有火道,容易燃烧低热值燃气。

(6)不需鼓风,节省电能及鼓风设备。

无焰式燃烧器的缺点如下：

(1)为保证燃烧稳定,要求燃气热值稳定。

(2)发生回火的可能性大,调节范围比较小,为防止回火,火头结构比较复杂和笨重。

(3)热负荷大的燃烧器,结构庞大和笨重,因此每个燃烧器的热负荷一般不超过2.3×10^6 W。

(4)噪声大,特别是高压和高负荷时更是如此。

1.2.3　燃气的互换性

设一燃气具以 a 燃气为基准进行设计和调整,由于某种原因要以 s 燃气置换 a 燃气,如果燃烧器此时不加任何调整而保证燃气具正常工作,则表示 s 燃气可以置换 a 燃气,就称 s 燃气对 a 燃气而言具有互换性。a 燃气称为基准气,s 燃气称为置换气。在我国,燃气的互换指数采用华白指数和燃烧势两种指标表示。

1.2.3.1　华白指数

华白指数是在互换性问题产生初期所使用的一个互换性判定指数。在置换气和基准气的化学、物理性质相差不大,燃烧特性比较接近时,可以用华白指数指标控制燃气的互换性。

在判断两种燃气的互换性时,首先考虑的是两种燃气的华白指数是否相近,这决定了两种燃气能否在同一灶具上获得相近的热负荷。

1.2.3.2　燃烧势(C_p)

燃烧势即燃气燃烧速度指数,是反映燃烧稳定状态的参数,即反映燃烧火焰产生离焰、黄焰、回火和不完全燃烧的倾向性参数。两种燃气若能互换,其燃烧势应在一定范围之内波动。

目前,国内的气源非常复杂,为了简化气源种类,根据燃气互换性原理,国家标准将气源按华白指数和燃烧势规范为19Y、20Y、22Y 三种液化石油气,4T、6T、10T、12T、13T 四种天然气,5R、6R、7R 三种人工煤气。

城市燃气的分类见表1-1。我国基准燃气及界限燃气燃烧特性见表1-2。

表 1-1　城市燃气的分类

类别		华白指数 W(MJ/m³)		燃烧势 C_p	
		标准	范围	标准	范围
人工煤气	5R	22.7	21.1～24.3	94	55～96
	6R	27.1	25.2～29.0	108	63～110
	7R	32.7	30.4～34.9	121	72～128
天然气	4T	18.0	16.7～19.3	25	22～57
	6T	26.4	24.5～28.2	29	25～65
	10T	43.8	41.2～47.3	33	31～34
	12T	53.5	48.1～57.8	40	36～88
	13T	56.5	54.3～58.8	41	40～94
液化石油气	19Y	81.2	76.9～92.7	48	42～49
	20Y	84.2	76.9～92.7	46	42～49
	22Y	92.7	76.9～92.7	42	42～49

表 1-2　我国基准燃气及界限燃气燃烧特性

类别		基准燃气		界限燃气		波动范围		典型地区		采用国外标准	
		W(MJ/m³)	C_p	W(MJ/m³)	C_p	W(MJ/m³)	C_p	基准气	界限气	国家和地区标准	采用程度
人工煤气	5R	21.4	90	19.9～22.8	53～92	−7～7	−41～2	上海	天津、东北等	S 2093—88 JIS	参照
	6R	27.1	108	25.2～29.0	63～110	−7～7	−42～2	沈阳	东北、南京		
	7R	32.7	121	30.4～34.9	72～128	−7～7	−40～6	北京	鞍山、马鞍山		
天然气	4T	18.0	25	16.7～19.3	22～57	−7～7	−12～128	抚顺	阳泉	S 2093—83 JIS	参照
	6T	26.4	29	24.5～28.2	25～65	−7～7	−14～124	锦州	—		
	10T	43.8	33	41.2～47.3	31～34	−6～8	−6～3	广东	—	IGU、EN26	等效
	12T	53.5	40	48.1～57.8	36～88	−10～8	−10～120	四川	中原、华北等		
	13T	56.5	41	54.3～58.8	40～94	−4～4	−3～129	天津	中原、胜利、大庆	JIS	参照
液化石油气	19Y	81.2	48	76.9～92.7	42～49	−5～14	−13～2	全国	全国	JIS、IGU IOCT、EN	等效
	20Y	84.2	46	76.9～92.7	42～49	−9～10	−9～7	全国	全国		
	22Y	92.7	42	76.9～92.7	42～49	−7～0	0～17	全国	全国		

1.3　燃气灶具基础知识

1.3.1　燃气灶具的结构

家用燃气灶是指居民家庭用燃气蒸、炸、煮、炒、熘等方法制作食品的燃具。

家用燃气灶由燃烧器、供气系统、点火系统、安全控制系统、辅助系统等五部分组成。

其外观结构示意图见图1-8。

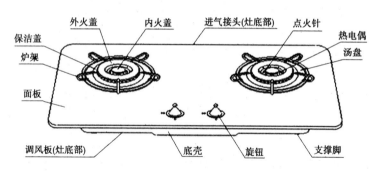

图1-8　家用燃气灶外观结构示意图

各主要部件的作用如下:

(1)旋钮:控制燃气灶具的开关,调节火力的大小。

(2)进气接头:连接软管,燃气从该处进入灶具。

(3)点火针:产生1.2万V以上的高压电,点燃燃气。

(4)热电偶:是熄火保护装置的一个重要部件,被烧热后就能产生电,驱动电磁阀打开。

(5)火盖:火盖上有很多火孔,燃气与空气混合物从火孔中流出并进行稳定燃烧。

(6)调风板:调节引射的空气量,使各火孔能稳定燃烧。

家用燃气灶基本工作原理为:燃气通过配气管至燃气阀,燃气阀开启后燃气从喷嘴流出,进入引射器,靠燃气自身的能量从一次空气吸入口吸入部分空气,在引射器内两种气体进行充分混合后,从燃烧器头部火孔中流出,同时被点火装置点燃形成火焰。燃烧产生的热量加热了放在锅支架上的容器,用户便可以烹调各种食品。

燃烧器主要由喷嘴、调风板、炉头、外火盖、中心火盖组成,是灶具中最重要的部件。它的作用是稳定、安全、高效地燃烧燃气。家用燃气灶一般采用大气式燃烧器,其材质主要是铸铁或黄铜。灶眼的燃烧器头部一般均为圆形,火盖式。火孔形式有圆形、梯形、方形、缝隙形。

供气系统包括燃气阀和输气管。燃气阀的作用是控制燃气通路的开与闭,要求经久耐用,密封性能可靠,材质一般为铝合金或黄铜。输气管一般用紫铜管等材料。

点火系统包括点火器和点火燃烧器。常用的点火方式有压电陶瓷点火和电脉冲点火。

安全控制系统主要是指熄火保护装置,它的作用是当燃气灶具在使用过程中出现中途熄火时,能自动切断燃气通路,防止燃气外漏。熄火保护装置的种类主要有热电偶和离子感应针两种类型。

辅助系统有框架、灶面、锅支架等。

目前,国内一般双眼灶技术性能指标见表1-3。

表 1-3　国内一般双眼灶技术性能指标

技术名称	单位	城市燃气	天然气	液化石油气
额定压力	Pa	800	2 000	2 800
额定热负荷	kW	3.5 ×2		
烟气中 CO($\alpha=1$)含量	%	≤0.05		
外形尺寸	mm	700(长)×390(宽)×150(高)		
接管口径	mm	软管内径 $\phi9$,钢管 DN15		
热效率	%	>55		
火眼中心距	mm	400		
点火方式		压电陶瓷点火或电脉冲点火		

【知识拓展】

燃气灶具安全使用常识:

(1)额定压力是指燃气灶具设计时规定的灶前燃气压力。不同种类的燃气灶前压力不同。

(2)燃具热负荷是指燃料在燃烧器(如燃气灶、燃气热水器等)中燃烧时,单位时间内所释放的热量。单位为 W(瓦)或 kW(千瓦)。

热负荷是衡量燃烧器性能的重要技术参数。双眼灶两边炉头的热负荷可以相等,也可以不等。

(3)热效率:有效热占燃气燃烧放出总热量的百分比。

1.3.2　家用燃气灶的分类

(1)按燃气种类可分为人工煤气灶、天然气灶、液化石油气灶。

(2)按火眼数可分为单眼灶、双眼灶(见图 1-9)、多眼灶(见图 1-10)。

图 1-9　双眼灶

图 1-10　多眼灶

（3）按结构形式可分为台式、嵌入式、落地式。

（4）按功能可分为灶具、烘烤器、烤箱、烤箱灶、饭锅。

（5）按烘烤方式可分为直接式、半直接式、间接式。

（6）按燃烧方式可分为大气式燃气灶和完全预混式燃气灶（红外辐射燃烧器或无焰燃烧器）。

1.3.3　家用燃气灶型号编制

灶具型号编制主要由四个部分组成：

代号	燃气种类	火眼数	-	改型序号等

家用燃气灶代号用汉语拼音字母 JZ 表示。

燃气种类分别用汉语拼音字母表示：

液化石油气：代号 Y（19Y、20Y、22Y）；

天然气：代号 T（4T、6T、10T、12T、13T）；

人工煤气：代号 R（5R、6R、7R）；

特殊气种可写名称，如空混气等。

火眼数用阿拉伯数字 1、2、3、…表示。

改型序号用阿拉伯数字 1、2、3、…或字母 A、B、C、…表示。

例如：

型号 JZ20Y1 – 83 表示使用液化石油气的单眼家用灶；

型号 JZ12T2 – A 表示使用天然气的双眼家用灶。

1.4　燃气热水器基础知识

1.4.1　燃气热水器的组成

燃气热水器是指以燃气作为燃料，通过燃烧加热方式将热量传递到流经热交换器的冷水中，以达到制备热水目的的一种燃气用具。目前，我国家用直流快速式燃气热水器发展很快，品种繁多，但其结构和工作原理大致相同，如图 1-11 所示。典型的直流快速式燃气热水器一般包括外壳、给排气装置、燃烧器、热交换器、控制系统等部分。

高效冷凝直流快速式燃气热水器工作原理示意图如图 1-12 所示。自来水从冷水口进入，经冷凝换热器换热升温，流向显热换热器再次换热升温，从热水口流出；燃气燃烧产生的烟气首先与显热换热器换热降温，经风机作用流向冷凝换热器换热降温后，从排烟口排出。传统型燃气热水器，只有一次显热换热，热效率相对较低，但结构比较简单，价格较便宜。

1.4.2　燃气热水器的类型

燃气热水器的发展经历了直排、烟道、强排、平衡等阶段。根据国家规定，现阶段国内

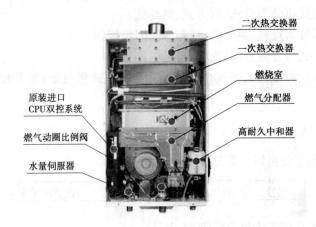

图 1-11　直流快速式燃气热水器内部结构图

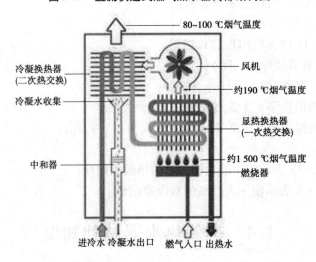

图 1-12　高效冷凝直流快速式燃气热水器工作原理示意图

只能生产和销售强排以上的燃气热水器。国内生产的热水器种类较多,常见的分类方法如下。

1.4.2.1　按所用燃气的种类不同分类

按所用燃气的种类不同,可分为人工煤气热水器(R)、液化石油气热水器(Y)、天然气热水器(T)和沼气热水器(Z)。

1.4.2.2　按水的加热方式不同分类

按水的加热方式不同,可分为直流快速式热水器和容积式热水器。

直流快速式热水器能快速、连续供应热水。其主要优点是机体小巧,外形美观,有室内机和室外机两种可选择;安装方便,使用简单;耗能少,消费经济;具有很强的供水能力,根据所需热水量可选择每分钟供水量不同的产品;水温调节方便,可满足家庭多种用途。

容积式热水器的储水筒分为开放式和封闭式两种。开放式热水器在大气压下把水加热,其热损失较大,但易清除水垢。封闭式热水器能承受一定的蒸汽压力,热损失较小,筒体壁厚,但不易清除水垢。

1.4.2.3 按排气方式不同分类

按排气方式不同,可分为直接排气式热水器(Z)、烟道排气式热水器(D)、强制排气式热水器(Q)和平衡式热水器(P)。

(1)直接排气式热水器是指燃气热水器工作时所需的空气取自室内,燃烧后产生的烟气也直接排放在室内。由于这类热水器安全性能差,因此国家有关部门已明令禁止生产销售。

1.1 烟道式燃气热水器的结构原理

(2)烟道排气式热水器运行时所需氧气取自室内,产生的烟气通过烟道排向室外,烟气自然排出。自然排出是利用空气压差,通过烟道将烟气排到室外,没有抽风设备,价格较便宜。

(3)强制排气式热水器运行时所需氧气取自室内,产生的烟气通过烟道排向室外,烟气通过风机强制排出。

(4)平衡式热水器运行时需要的氧气从室外通过烟道的外层供应,燃烧后产生的烟气从烟道的内层排到室外,整个燃烧系统与室内隔开。它为全密闭式热水器,吸收的空气和排出的烟气均在室外,分顶排和后排。外壳是密封的,和外壳联成一体的烟道做成内外两层,热水器对室内空气既不消耗,也不污染。一般通过电机强制给排气。

1.4.2.4 按控制方式不同分类

按控制方式不同,可分为前置式热水器和后置式热水器。前置式热水器的运行是利用装在冷水进口处的冷水阀进行控制,热水出口端为自由放水,不得设置阀片。后置式热水器可以用装在冷水进口处的冷水阀进行控制,也可以用装在热水出口处的热水阀进行控制。

1.4.2.5 按供水压力不同分类

按供水压力不同,可分为低压热水器、中压热水器和高压热水器。低压热水器的供水压力不大于 0.4 MPa,中压热水器的供水压力不大于 1.0 MPa,高压热水器的供水压力不大于 1.6 MPa。

1.4.2.6 按安装的位置不同分类

按安装的位置不同,可分为室内型和室外型。

室内型燃气热水器(见图 1-13)一般安装在厨房,需要占用一定的室内空间,所以会破坏厨房整体环境,燃烧时所需空气取自室内,燃烧产生的废气通过烟道排至室外,须消耗室内氧气,若使用时间过长容易造成室内缺氧,若安装不当还会造成废气泄漏。

室外型燃气热水器(见图 1-14)安装在室外或者开放操作阳台,不占室内任何空间,通过遥控器就可以在室内操作,燃烧所需空气取自室外,燃烧产生废气直接排在室外,无须消耗室内氧气,既能保证燃烧所需氧气的充足供应,室内又无任何废气泄漏,安全性能最高。

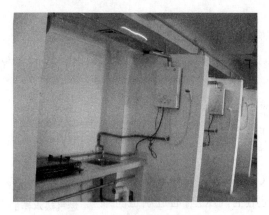

图 1-13　室内型燃气热水器　　　　图 1-14　室外型燃气热水器

1.4.3　热水器的两个基本参数

1.4.3.1　燃气压力

热水器前燃气额定压力是根据燃气的种类而确定的,见表1-4。

表 1-4　热水器前燃气额定压力

燃气种类	燃气额定压力(Pa)
人工煤气	800 或 1 000
天然气	2 000 或 2 500
液化石油气	2 800 或 3 000
沼气	800 或 1 600

1.4.3.2　热水器的热水产率

热水器额定热水产率是指在燃气额定压力和0.1 MPa 水压下,流经热水器的冷水温度升高 25 ℃时,每分钟流出热水器的热水量。一般有 5 L/min、6 L/min、8 L/min、10 L/min、12 L/min、14 L/min、16 L/min、20 L/min 等规格,在型号中用量值表示。

1.4.4　热水器的主要技术性能

目前我国生产的家用燃气热水器主要是直流快速式热水器。根据《家用燃气快速热水器》(GB 6932—2001)的规定,热水器的主要技术性能参数如下:

(1)热效率不低于80%(用燃气低热值计算)。

(2)烟气中的 CO 含量(过剩空气系数 $\alpha = 1$)对直接排气式热水器小于0.03%,对烟道式及平衡式热水器小于0.06%。

(3)加热时间不大于45 s。

(4)热水温度,当进入的冷水温度为 10～20 ℃时,出水口的温度不超过 65 ℃。

(5)热水器停水升温不得超过 18 ℃。

(6)热水器的点火装置应安全可靠,在正常情况下连续启动 10 次,其点火次数不得小于 8 次,且失效点火不得连续发生 2 次。

(7)热水器应设熄火保护装置,其开阀时间不得大于 45 s,闭阀时间不得大于 60 s。

(8)燃气管路系统如热水器的燃气管、阀门、配件连接处应严密不漏气,用 10 kPa 气压试验,稳压 1 min 不得有压力下降现象。

1.4.5　家用燃气快速热水器型号编制

按《家用燃气快速热水器》(GB 6932—2001)规定,燃气热水器型号编制由以下四部分组成:

代号	安装位置或给排气方式	主参数	-	特征序号

代号:

JS——家用燃气快速热水器;

JN——供暖的热水器;

JL——供热水和供暖的热水器。

安装位置或给排气方式:

N——室内安装式(一般省略不标);

W——室外安装式;

D——烟道式;

Q——强制排气式;

P——自然给排气式;

G——强制给排气式。

主参数采用额定热负荷(kW)取整后的阿拉伯数字表示。两用型热水器若采用两套独立燃烧系统并可同时运行,额定热负荷用两套系统热负荷相加值表示;不可同时运行的,则采用最大热负荷表示。

特征序号由制造厂自行编制,位数不限。

例如,热水器型号:JSRD8—N—A,其代表的含义是:

JS——家用燃气快速热水器;

R——人工煤气;

D——烟道式热水器;

8——热负荷;

N——室内安装式(一般省略不标);

A——制造厂自编号。

燃气具安装

第2章　家用燃气具的安装

2.1　燃气灶具的安装

2.1.1　家用燃气具安装规范

2.1.1.1　燃具的安装间距及防火

《家用燃气燃烧器具安装及验收规程》（CJJ 12—1999）中"4　燃具的安装间距及防火"的相关规定如下：

2.1　燃气具的
安装规范

4.1　燃具设置

4.1.1　燃具和排气筒与周围建筑和设备之间应有相应的防火安全间距。

4.1.2　安装燃具的部位应是由不可燃材料建造。

4.1.3　当安装燃具的部位是可燃材料或难燃材料时,应采用金属防热板隔热,防热板与墙面距离应大于10 m。

4.1.4　除特殊设计的组合式燃具外,对以可燃材料、难燃材料装修的部位不应采用嵌入式安装形式。

4.1.7　家用燃气灶具与抽油烟机除油装置的距离可按表4.1.7的规定采用。

表4.1.7　家用燃气灶具与抽油烟机除油装置的距离　　（单位:mm）

除油装置 家用燃气灶具	抽油烟机风扇[2]油过滤器	其他部位
家用燃气烹调灶具	800 以上	1 000 以上
带有过热保护的灶具[1]	600 以上[3]	800 以上

①带油过热保护,并经防火性能认证的灶具;
②风量小于15 m³/min(900 m³/h);
③限每户单独使用的排油烟管。

2.1.1.2　燃气灶具安装时的管道连接要求

燃气灶具安装时的管道连接应遵照以下标准规范、规程中的相关规定。《家用燃气

本页二维码资料来源于中国燃气协会。

· 14 ·

灶具》(GB 16410—2007)的相关规定如下:

5.3.1.10　燃气导管应符合:

e)管道燃气宜使用硬管(或金属软管)连接。当使用非金属软管连接时,燃气导管不得因装拆软管而松动和漏气。软管和软管接头应设在易于观察和检修的位置。

f)软管和软管接头的连接应采用安全紧固措施。

《家用燃气燃烧器具安装及验收规程》(CJJ 12—1999)的相关规定如下:

5.0.11　与燃气具连接的供气、供水支管上应设置阀门。

《城镇燃气室内工程施工与质量验收规范》(CJJ 94—2009)的相关规定如下:

6.2.7　燃气灶具的灶台高度不宜大于 80 cm;燃气灶具与墙净距不得小于 10 cm,与侧面墙的净距不得小于 15 cm,与木质门、窗及木质家具的净距不得小于 20 cm。

检查数量:抽查 20%,且不少于 1 台。

检查方法:目视检查和尺量检查。

6.2.8　嵌入式燃气灶具与灶台连接处应做好防水密封,灶台下面的橱柜应根据气源性质在适当的位置开总面积不小于 80 cm^2 的与大气相通的通气孔。

检查数量:抽查 20%,且不少于 1 台。

检查方法:目视检查和尺量检查。

6.2.9　燃具与可燃的墙壁、地板和家具之间应设耐火隔热层,隔热层与可燃的墙壁、地板和家具之间间距宜大于 10 cm。

检查数量:100%检查。

检查方法:目视检查和尺量检查。

2.1.1.3　燃气灶具安装时的软管连接要求

燃气表后的燃气室内管与灶具下部的进气接头之间可以用金属波纹管或燃气专用的橡胶软管连接,长度不宜超过 1.5 m。

(1)燃气软管的两端分别与灶具和室内燃气阀门相连接。

(2)连接燃气软管时,进气管一定要用管箍固定牢固,长度要适宜,过长会增加进气管管道阻力,影响燃气流量;过短会造成拉拽现象,胶管容易脱落。

(3)要保证燃气软管不被挤压、扭曲或弯折,不能让软管处于高温区或接触灶具的高温部分。

2.1.2　燃气灶具的安装注意事项

为了用户全家的安全和健康,应十分重视燃气灶具的规范安装和正确使用。按有关规范要求,应注意以下几点:

(1)燃气设施应由有安装资质的人员规范安装。

(2)燃气管道不得敷设在卧室、浴室、卫生间。

(3)燃气管道必须明设。这是由于若燃气管道埋墙或暗设,燃气一旦泄漏后不能扩散,也不易察觉和进行安全检查,泄漏出的燃气全部积聚在墙体里或柜中。如果发生漏气,不利于及时抢修,遇到明火易发生爆燃或火灾;埋墙或暗设燃气管道出现泄漏后维修特别困难,须将墙面破开或将橱柜拆毁后才能修理,易给用户造成较大的经济损失。

（4）燃气表具应设在通风处，不得封闭并应便于检修保养；燃气表与燃气灶的水平净距不得小于 30 cm。

（5）安装燃气灶具的房间净高不得低于 2.2 m，厨房应设进气口。

（6）燃气灶具应安装在有自然采光的厨房内，不得设在地下室或卧室内。

（7）燃气灶具与墙面的净距不得小于 10 cm，燃气灶具的灶面边缘距木质家具的净距不得小于 20 cm，燃气灶具与对面墙之间应有不小于 1 m 的通道，燃气灶具与可燃墙壁之间应采取有效的防火隔热措施，在灶具周围 1 m 范围内不得有可燃性物质。

（8）灶具应水平放在用耐火材料制作的灶台上。灶台不要太高，一般以 600～700 mm 为宜。同时，灶具应安放在空气流通的地方，但不要让穿堂风直吹灶具，因为风吹火焰会降低灶具的热效率，还可能会吹熄火焰引起燃气泄漏。

（9）灶具宜用不锈钢波纹软管连接，如用胶管连接则必须用燃气专用胶管，不能从炉具底下穿过或弯折压扁，胶管的弯曲半径应大于 5 cm，其两端要有卡箍紧固，长度要适宜，但最好不要超过 2 m。因为过长会增加进气管阻力造成压降，降低灶具的热流量；过短会造成拉拽现象，胶管易脱落。胶管规格要与接头配套，松则密封不严造成漏气，过紧（如用热水泡才能套上）就会加速胶管的老化。另外，还要定期检查胶管是否有老化、裂痕、脱落现象，因为许多灶具引起的火灾都是由胶管老化、裂痕、脱落造成的。

（10）选择嵌入式安装时，必须严格按说明书中关于安装位置、开孔尺寸的要求开孔；开孔尺寸的大小要适当，不能造成台面对整机挤压或使面板承受灶体重力。特别是玻璃面板灶具，安装灶具时注意玻璃面板灶具的面板四角不应受到硬物碰撞。嵌入式家用燃气灶具必须配置专用防脱落不锈钢软管，台式灶具最好也使用不锈钢金属软管连接。

2.1.3　燃气灶具的安装方法

2.1.3.1　台式燃气灶具

1.灶具的安装位置

台式灶具的安装位置如图 2-1 所示，它需要满足以下条件：

图 2-1　台式灶具的安装位置

（1）灶具旁边勿布置窗帘、放置酒精等易燃物。

（2）灶具应安放在水平结实的台面上，不要置于架子上或有落下物的场所，以及塑料照明器具下。

（3）室内空调、风扇的送风不得直接影响灶具的使用。

2.安装时的防火措施

(1)灶具周围和料理台及吊顶不是防火材料时,灶具与侧墙、后墙应保持在 15 cm 以上的距离,与吊顶应保持 100 cm 以上的距离,如图 2-2 所示。

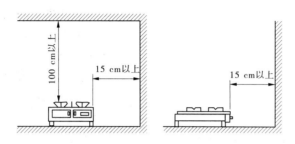

图 2-2　台式灶具的安装距离

(2)料理台和吊顶为防火材料时,不受上述限制。

3.燃气配管的连接

(1)灶具的燃气接口位于灶具本体的后侧,用橡胶软管连接时,软管需插入接头根部并用管卡紧固(燃气阀门、灶具燃气接口两处均用管卡紧固),如图 2-3 所示。

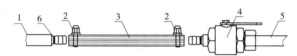

1—直出接口;2—管卡;3—橡胶软管;4—阀门;5—燃气配管(硬管);6—接头根部

图 2-3　台式灶具配管连接

(2)安装软管时,避免让其受压、折弯、损伤,连接长度控制在 2 m 内,并防止胶管被灶具挤压。

(3)胶管的老化、损伤及与燃气接口连接的脱落、松动都会造成燃气泄漏,引发安全事故。因此,在使用过程中,应定期检查和更换橡胶软管。

4.安装前的准备

(1)核对灶具铭牌所示燃气种类和燃气压力与用户所需是否相符。

(2)检查炉具上各紧固螺钉有无松动,各部件连接是否正确,以免因运输过程中的损坏影响使用效果。

5.安装步骤

(1)打开包装后,清除包扎带、泡沫垫或其他附件。

(2)将灶具平稳放在灶台上,其位置应符合相关规范要求。

(3)在塑料管上套上卡箍。

(4)将套好卡箍的塑料管一端插到灶具的格林接头上,要插到根部。

(5)将塑料管的另一端插到减压器的格林接头上。

(6)移动塑料管上的卡箍至塑料管两端连接处,用旋具将卡箍拧紧。

(7)检查减压器 D 形密封垫。

(8)手握减压器手轮,对准角阀内螺纹入扣,逆时针旋转手轮将减压器连接到钢瓶上。

(9)打开气瓶角阀,接通气路。

(10)在各连接处刷肥皂水检漏。

2.1.3.2　嵌入式燃气灶具

1.安装要求

(1)安装嵌入式灶具时,应按要求尺寸(见图2-4)或包装箱内开孔模板在料理台上开孔。

(2)安装时,在燃气灶橱柜内应留有不小于150 mm 的高度空间,以便于燃气配管的装配。

(3)安装嵌入式灶具的橱柜要有符合通风要求的与大气相通的开孔尺寸,应选用百叶窗式橱门或安装橱柜旁加开总面积不小于80 cm² 的通风口;否则,可能会造成泄漏燃气积沉而爆炸。

2.安装时的防火措施

(1)如燃气灶周围是易燃物(木结构的墙壁、吊顶等),灶具与侧墙、后墙、吊顶应保持如图2-5 所示的距离。

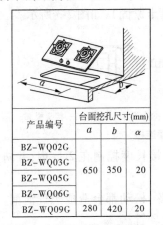

产品编号	台面挖孔尺寸(mm)		
	a	b	α
BZ-WQ02G			
BZ-WQ03G	650	350	20
BZ-WQ05G			
BZ-WQ06G			
BZ-WQ09G	280	420	20

图2-4　灶具安装尺寸要求

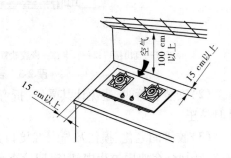

图2-5　嵌入式灶具安装距离

(2)如燃气灶周围选用防火材料结构,不受上述安装距离限制。

3.燃气配管的连接

采用金属波纹管连接时,金属波纹管和燃气总管之间需设置一个专用阀门,再依次连接。如图2-6 所示。

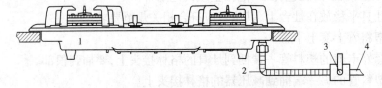

1—灶具;2—金属波纹管;3—阀门;4—燃气配管(硬管)

图2-6　嵌入式灶具配管连接

1）燃气管的安装

首先确认燃气管与阀门的安装应符合国家及燃气厂商的标准,然后进行金属波纹管连接。

2）金属波纹管的连接

如图 2-7 所示,先把金属波纹管弯曲成需要连接的形状,然后将金属波纹管一端的活动螺母与燃气灶下部的燃气入口相连接,另一端活动螺母与燃气阀门相连接。

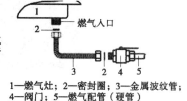

- 本灶具必须由燃气公司或具有相关资质上岗证的专业人员进行安装及调试。
- 活动螺母与阀门的连接,金属波纹管与燃气灶之间须加橡胶密封圈,螺母拧紧不得过于用力,以免损坏密封圈。
- 装配完毕后或每次调换钢瓶时,应用肥皂水仔细检查各连接点是否有漏气现象。

请注意

1—燃气灶；2—密封圈；3—金属波纹管；
4—阀门；5—燃气配管（硬管）

图 2-7　金属波纹管的连接

由于嵌入式燃气灶一般都采用高压电脉冲点火方式,因此在使用前要检查灶具是否安装有电池,若未装电池,则按说明书把电池装上,电池的正负极不能装反,如图 2-8 所示。

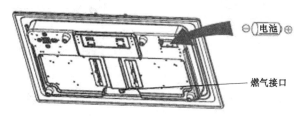

电池

燃气接口

图 2-8　嵌入式灶具电池安装

4. 安装步骤

（1）在灶台上开一个燃气灶安装孔（具体尺寸按开孔模纸板）；

（2）在橱柜上的正前方留通风口,通风面积符合说明书的要求；

（3）通风口要确保灶具底部空气流通,切勿堵塞；

（4）灶具底部需有 400 mm 以上的自由空间,不可密封,不可放置气瓶；

（5）开孔后,用胶管将灶具和气源相连,并用管夹夹紧胶管,将灶具放置好,即可使用。

2.1.4　燃气灶具的调试

2.1.4.1　调风板调试目的

初次使用灶具或发现火焰有下列现象时,需要调节风门,改变灶具进空气量：

（1）多次点火仍有回火现象,并伴有较大的回火噪声。

（2）燃烧火焰呈现红色或黄色。

2.1.4.2 调风板的调试

1.燃气灶风门的分类

(1)旋钮式风门:使调节火力简单方便,更加精确,容易固定,并能有效解决传统灶具燃烧稳定性易受橱柜门开关影响的问题,如图2-9所示。

图2-9 旋钮式风门

(2)扣式风门:有定位片,风门相对固定,补氧量稳定,直接拉动定位销就可以,如图2-10所示。

图2-10 扣式风门

(3)嵌入式风门:结构简单、封闭好、调节方便,可广泛用于各类嵌入式燃气灶具,如图2-11所示。

图2-11 嵌入式风门

2.调风板的调试方法

(1)打开燃气灶最大流量时,火焰内、外焰锥轮廓不清晰,甚至火焰锥顶呈红黄色,说明空气不足,应调大调风板的开度,增加空气吸入量,直至火焰内、外焰轮廓清晰,变为浅蓝色,如图2-12所示。

(2)若发现离焰、脱火现象,应调小风门。

3.调风板的调试步骤

(1)比较明显的左右两个风门调节杆如图2-13所示。

(2)在燃气灶的下面会有小拨片,用来控制内、外两个风门,如图2-14所示。

(3)风门内部的纯铜一体锻造喷气嘴,具有精准的补氧孔径,如图2-15所示。

燃烧正常　　　空气不足　　　空气太多　　　空气太多

图 2-12　调节火焰

图 2-13　风门调节杆

图 2-14　小拨片

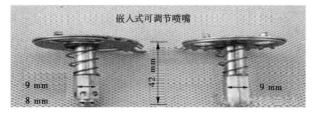

图 2-15　喷气嘴

（4）左右拨动一下，如果拨动之后火焰变黄，说明这边是"小"，如图 2-16 所示。

图 2-16　火焰变黄

（5）往反方向拨动，燃气灶的火焰会变得清晰，如图 2-17 所示。

（6）边调节，边观察，调节至火焰稳定燃烧，内、外焰轮廓清晰，呈浅蓝色火焰，即为完成，如图 2-18 所示。

图 2-17 火焰变清晰

图 2-18 浅蓝色火焰

2.1.5 火力大小调节

2.1.5.1 灶具旋钮或按键的功能

(1)点火通气:燃气灶的旋钮或按键在旋转或按下时,首先点火,然后通气。

(2)调节火力:转动旋钮或按下按键至不同位置,可获得大、中、小不同火力。

2.1.5.2 灶具火力大小调节方法

灶具点燃后,旋钮逆时针旋转 90°可获得最大火力;需要调小时,反方向慢慢转动旋钮,边观察,边调节,直到满意,如图 2-19 所示。

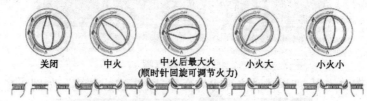

| 关闭 | 中火 | 中火后最大火
(顺时针回旋可调节火力) | 小火大 | 小火小 |

图 2-19 火力大小调节

2.2 燃气热水器的安装

2.2.1 热水器的挂机和固定

2.2.1.1 燃气热水器安装服务的资质

(1)燃气热水器的安装服务必须按照当地燃气管理部门规定的流程进行操作。

(2)从事燃气热水器安装的服务单位,必须具备有效的燃气安装资质;从事燃气热水器安装的服务人员,必须具备有效的燃气安装上岗证。

2.2.1.2 热水器安装的相关规范

《城镇燃气室内工程施工与质量验收规范》(CJJ 94—2009)中的相关规定如下:

6.2.3　燃气热水器和采暖炉的安装应符合下列要求：

1　应按说明书的要求进行安装，并应符合设计文件的要求；

2　热水器和采暖炉应安装牢固，无倾斜；

3　支架的接触应均匀平稳，便于操作；

4　与室内燃气管道和冷热水管道阀门必须正确连接，并应连接牢固、不易脱落；

1.3　燃气热水器的安装

5　排烟装置应与室外相通，烟道应有1%坡向燃具的坡度，并应有防倒风装置。

检查数量：100%。

检查方法：目视检查和尺量检查。

2.2.1.3　燃气热水器安装环境的选择

（1）非密闭式燃气热水器严禁安装在没有给排气条件的房间内。

（2）设置了抽油烟机等机械换气设备的房间及其相连通的房间内，不宜设置半密闭自然排气式热水器。

（3）下列房间和部位严禁安装燃气热水器：

①卧室、地下室、车库；

②浴室、楼梯、安全通道等；

③易燃、易爆物品堆存处；

④有腐蚀介质的房间；

⑤电线、电器设备处。

浴室等密闭空间禁止安装燃气热水器（平衡式除外），这是因为虽然烟道将烟气排至室外，但在室外刮风时，仍有可能产生倒烟，危害室内人身安全。同时，由于现代建筑物气密性越来越好，当厨房或其他居室进行换气时，使浴室变为负压，造成烟气逆流，污染室内空气。非平衡式热水器燃烧需要消耗室内氧气，容易导致缺氧和因燃烧不充分造成的CO中毒。

（4）下列房间和部位可安装燃气热水器：

①热水器应安装在室内通风、换气良好的场所。烟道口必须安装排气管，排气管出口必须设置在室外，如图2-20所示。

②热水器附近不得有其他燃气用具，周围不得有易燃的气体、液体等物品，如图2-21所示。

（5）其他注意事项。

①将热水器安装在周围无障碍物、不会阻碍空气流通的场所，否则可能导致不完全燃烧。

②不要将热水器安装在沙土或灰尘容易积聚的地方，否则可能影响热水器的风机工作状态。

③安装热水器时，应使其排气不会受到抽风扇和炉灶通风罩等排出的气流影响；勿将

本页二维码资料来源于艾欧史密斯（中国）热水器有限公司。

机器安装在抽风扇与燃气灶之间,否则可能引起故障和不完全燃烧,如图 2-22 所示。

图 2-20　热水器应安装在室内
通风、换气良好的场所

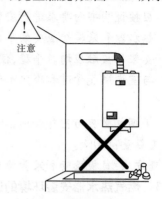

图 2-21　热水器附近不得
有其他燃气用具

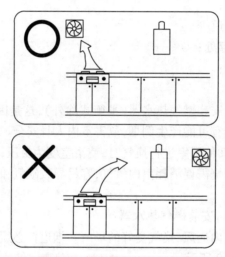

图 2-22　热水器安装注意事项

④避免将热水器安装在其噪声及排气的热气流会烦扰相邻住户的地方。

⑤安装前,按照热水器的排烟要求,检查确认所选定的安装位置可以合理地安装排烟管。

⑥热水器安装位置应便于查看、维修保养及满足防火要求。

2.2.1.4　打安装孔,装膨胀螺栓及挂架

1. 安装孔的画线定位

安装孔是用来放置膨胀螺栓或塑料胀塞的,最终是为了把热水器固定在墙面上。安装孔的位置是根据安装图和产品说明书及有关规范的要求确定的,安装孔确定后就要根据要求的坡度确定烟管的引出孔位置。孔的位置确定后,用直尺、水平尺、画笔在孔中心处画十字线,两个固定热水器的安装孔要在同一水平线上,安装才能垂直,不倾斜。

2.打安装孔,装膨胀螺栓的方法

(1)用膨胀螺栓或塑料胀塞固定热水器的挂架,需在支撑体上打孔,打孔一般都是用冲击钻来完成的。操作时,要用力均匀,钻头必须与支撑体垂直,钻头的直径应和膨胀螺栓套塞的外径和塑料胀塞的外径相等,孔的深度为套管或塑料胀塞长度加上15 mm。

(2)孔钻好后,将套管及膨胀螺栓(或塑料胀塞)施力放入孔中。

(3)将挂架对准膨胀螺栓并贴至墙面,用扳手拧紧螺母,直至挂架稳固。

3.挂机和固定的操作方法

小型燃气热水器挂机一人操作即可,而挂大型燃气热水器则需两人操作。一人操作时,两手端平设备,将设备挂孔对准膨胀螺栓(或挂架挂钩),向里推(或挂在挂钩上),将两个螺母分别预紧,用扳手将螺母拧紧;两人操作时,一人在下托热水器,一人在上拽热水器并将热水器挂孔对准膨胀螺栓(或挂架挂钩),向里推(或挂在挂钩上),待热水器挂好后,将扳手递给上边的操作者进行紧固。

2.2.2 燃气管道连接

2.2.2.1 相关标准和规范

(1)燃气管道与燃气热水器的软管连接相关标准和规范。

《家用燃气燃烧器具安装及验收规程》(CJJ 12—1999)中的相关规定如下:

5.0.10 燃气管道连接应符合下列要求:

1 燃具与燃气管道的连接部分,严禁漏气。

2 燃气连接用部件(阀门、管道、管件等)应是符合国家现行标准并经检验合格的产品。

3 连接部位应牢固、不易脱落。软管连接时,应采用专用的承插接头、螺纹接头或专用卡箍紧固;承插接头应按燃气流向指定的方向连接。

4 软管长度应小于3 m,临时性、季节性使用时,软管长度可小于5 m。软管不得产生弯折、拉伸、脚踏等现象。龟裂、老化的软管不得使用。

5 在软管连接时不得使用三通,形成两个支管。

6 燃气软管不应装在下列地点:

1)有火焰和辐射热的地点;

2)隐蔽处。

6.0.4 将燃气阀打开,关闭燃具燃气阀,用肥皂液或测漏仪检查燃气管道和接头,不应有漏气现象。

《城镇燃气室内工程施工与质量验收规范》(CJJ 94—2009)中的相关规定如下:

6.2.5 当燃具与室内燃气管道采用软管连接时,软管应无接头;软管与燃具的连接接头应选用专用接头,并应安装牢固,便于操作。

《燃气采暖热水炉应用技术规程》(CECS 215—2006)中的相关规定如下:

6.3 燃气管道连接

6.3.1 燃气的类别和供气压力必须与采暖热水炉铭牌上的标示一致。当不一致时,必须由采暖热水炉供应商更换或重新调节。

6.3.2 燃气管道与炉体必须用带螺纹接头的金属管道或燃气专用铝塑复合管连接,并应在炉前设置阀门。

6.3.3 燃气管道应满足采暖热水炉最大输入功率(负荷)的需要。

6.3.4 当供气压力大于5 kPa时,应在燃气表前设置单独的调压器。

6.3.5 采暖热水炉供气管道应与主管道连接,主管道尺寸应大于采暖热水炉支管道尺寸;采暖热水炉和燃气表之间的连接管直径不应小于采暖热水炉上的进气管直径,或根据管道最大流量、长度和允许的压力损失确定。

6.3.6 使用人工煤气时,宜在煤气入口安装过滤器或过滤网。

6.3.7 燃气管道和阀门的气密性必须经过5 kPa压力检测;检测时应关闭采暖热水炉燃气阀,严禁使用有可能损坏采暖热水炉燃气阀的超压检测。

(2)燃气硬管连接的相关标准和规范。

《城镇燃气设计规范》(GB 50028—2006)中的相关规定如下:

10.2.3 室内燃气管道宜选用钢管,也可选用铜管、不锈钢管、铝塑复合管和连接用软管,并应符合第10.2.4～10.2.8条的规定。

10.2.4 室内燃气管道选用钢管时应符合下列规定:

1 钢管的选用应符合下列规定:

1)低压燃气管道应选用热镀锌钢管(热浸镀锌),其质量应符合现行国家标准《低压流体输送用焊接钢管》GB/T 3091的规定。

2)中压和次高压燃气管道宜选用无缝钢管,其质量应符合现行国家标准《输送流体用无缝钢管》GB/T 8163的规定;燃气管道的压力小于或等于0.4 MPa时,可选用本款第1)项规定的焊接钢管。

2.2.2.2 燃气软管连接方法

1.卡套(箍)式连接

(1)检查管件和阀门等,安装前须按国家现行标准进行检验。

(2)室内燃气管道上安装的阀门一般采用燃气专用球阀,按球阀安装方法进行安装。

(3)将管件本体分别与阀门端和设备燃气接口端相连接。安装前,在外扣上缠绕生料带。

(4)按所需长度将铝塑复合管截断,并用扩圆器将铝塑复合管切口扩圆。

(5)将螺帽和C形套环先后套入管子端头。

(6)将管件本体内芯旋插入管内。

(7)拉回C形套环和螺帽,用扳手拧紧螺帽。

(8)用刷肥皂水的方法对所有接口进行漏气检查。

2.带螺纹的金属软管连接

(1)对金属软管进行质量检查。

(2)在燃气管道端安装已装好对丝的球阀。

(3)检查设备燃气进口和对丝的密封面是否平整。

(4)在螺母中放密封垫。

(5)将螺母分别对准设备燃气进口和燃气阀门上的对丝带扣。

（6）用扳手拧紧螺母。

（7）用刷肥皂水的方法对所有接口进行漏气检查。

2.2.2.3　燃气硬管连接方法

燃气管道与燃气热水器的硬管连接主要是指燃气表后至燃气热水器前这一段的连接。

（1）按系统安装草图,进行管段的加工预制,核对好尺寸,按安装顺序进行编号。

（2）对所用管件、阀门等进行检验。

（3）可按顺序单件连接,也可将阀门、管件等组合成若干管段进行组合连接。

（4）无论是单件连接还是组合连接,都必须用一把管钳咬住管子(过管件),一把管钳拧管子(或管件),拧到松紧适度为止。螺纹外露 2~3 牙。

（5）最后一定要对连接部位进行试漏。

2.2.3　水管道连接与试漏

2.2.3.1　设备与冷、热水（或供、回水）管道软管的连接方法

热水器冷、热水进、出口接头规格均为 G1/2 管螺纹。进、出水管最好用金属软管连接,或用刚性水管直接连接。用金属软管连接前,首先应对配件进行检查,清洗水管,然后看冷水进口是否安装了过滤网,连接时,应避免过力扳动锁母,损坏连接管。连接完成后,应进行通水试验,然后松开冷水进口锁母,取出过滤网,清除杂物。

2.2.3.2　设备与冷、热水（或供、回水）管道硬管的连接方法

燃气热水器的硬管连接是指设备与冷、热水(或供、回水)通过管段短丝和活接头连接等操作进行连接的方法。它与燃气管道的硬管连接基本相同,不同的是输送的介质不一样。

2.2.4　给排气管的安装

2.2.4.1　安装规范

《家用燃气燃烧器具安装及验收规程》(CJJ 12—1999)中给排气管安装的定位打孔的相关规范如下:

3.1　一般规定

3.1.4　自然排气的烟道上严禁安装强制排气式燃具和机械换气设备。

3.1.5　排气筒(排气管)、风帽、给排气筒(给排气管)等应是独立产品,其性能应符合相应标准规定。

3.1.6　排气筒、给排气筒上严禁安装挡板。

3.1.7　每台半密闭式燃具宜采用单独烟道。

3.1.8　复合烟道上最多可接 2 台半密闭自然排气式燃具,2 台燃具在复合烟道上接口的垂直间距不得小于 0.5 m;当确有困难,接口必须安装在同一高度上时,烟道上应设有 0.5~0.7 m 高的分烟器。

3.1.9　公用烟道上可安装多台自然排气式燃具,但应保证排烟时互不影响。

3.1.10　公用给排气烟道上应安装密闭自然给排气式燃具。

3.1.11　楼房的换气风道上严禁安装燃具排气筒。

2.2.4.2　操作方法

给排气管定位打孔:一是按图画线打孔,二是按排气管的长度以及不低于1%的坡向室外的坡度经计算确定孔的位置画线后打孔,具体如图2-23、图2-24所示。

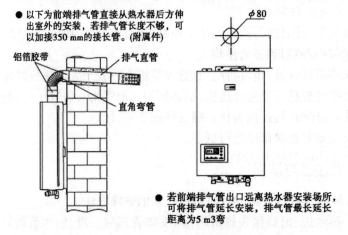

- 以下为前端排气管直接从热水器后方伸出室外的安装,若排气管长度不够,可以加接350 mm的接长管。(附属件)

铝箔胶带　　排气直管　　直角弯管

$\phi 80$

- 若前端排气管出口远离热水器安装场所,可将排气管延长安装,排气管最长延长距离为5 m3弯

图2-23　给排气管定位打孔

为了防止冷凝水集结,损伤机器

- 排气管的水平延长段都要有1/50的出口方向向下的斜度。
- 排气管延长段的中间部分不得向上垂直安装。
- 如果前端排气管出口位置比热水器排气筒接头安装位置高,热水器排气管接头应先加高超过前端排气管出口,然后再向下接到前端排气管出口处。

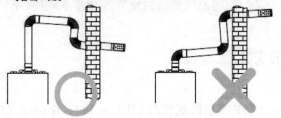

图2-24　排气管坡向

2.2.5　调试

2.2.5.1　热水器试通水及水流量调节

燃气热水器安装完毕后,要进行试通水工作。水路系统试通水主要包括系统的注水、排水和排空等。向生活热水系统注水时,要观察水从热水出口的流出情况,并用水流量调节阀进行流量的调节,若发现水流中有碎屑、杂物等,要清洗冷水进口过滤网,并对水路进行冲洗。步骤如下:

(1)将进水阀完全打开,打开热水龙头至最大;

(2)打开冷水阀门,向生活热水系统注水;

(3)观察热水出口水流大小及水流中是否有脏物,用手感觉水的压力;

(4)调节水阀加大水流量,当水阀调至最大时,水流量仍不能调大,水路可能被堵,应进行清堵;

(5)关闭热水龙头,查看所有水路连接部分有无泄漏点;

(6)关闭冷水阀门;

(7)打开热水龙头和泄水阀;

(8)关闭热水龙头和泄水阀。

2.2.5.2　用调节旋钮或按键设置水温度

燃气热水器调温最常用的有旋钮和按键两种方式,以手动调节为主。步骤如下:

(1)启动燃气热水器;

(2)操作冬夏转换开关;

(3)旋转调温旋钮或按键;

(4)用手触摸感觉水温或观看显示屏;

(5)旋转燃气量调节阀;

(6)用手触摸感觉水温或看显示屏。

2.2.5.3　检查其他功能旋钮和按键是否正常工作

各功能旋钮或按键可在设备运行时检查,水温调节旋钮可反复旋转,看是否旋转灵活自如,调温是否有效;可按动各功能按键,看力度是否适中;观察显示屏,看操作的项目是否与显示屏显示一致;按动电源开关键,看设备是否能正常启动和关闭。

2.3　燃气采暖热水炉的安装

2.3.1　安全须知和相关法规

燃气采暖热水炉的安装与调试及保养与维护,必须由相关技术人员进行。其中,燃气采暖壁挂炉的安装与燃气管路的安装施工必须遵守《燃气燃烧器具安装维修管理规定》、《城镇燃气室内工程施工与质量验收规范》(CJJ 94—2009)等。

2.3.2　安装注意事项

(1)注意使用燃气种类和电源规格。

(2)依照采暖热水炉(性能规格贴纸)所标示的燃气种类、电气参数(电压、频率)选购采暖热水炉,如图 2-25 所示。

图 2-25　采暖热水炉性能规格

(3)燃气种类不一致而仍然安装使用,会造成火灾事故或不完全燃烧而产生一氧化

碳中毒及爆燃现象。

（4）关于安装位置。

采暖热水炉安装位置要求如图2-26所示。

①采暖热水炉应安装在通风换气良好的场所。

②确保采暖热水炉有充分检查维修空间,另外应在机体的前方及下方保留适当的空间。

③排烟管道必须使用随机附带的排烟管。

严禁安装的场所:

①严禁将给排气口安装在公共烟道,如图2-27所示。

②严禁安装在卧室、吊橱、壁橱内及窗帘、家具等易燃物旁边,如图2-28、图2-29所示。

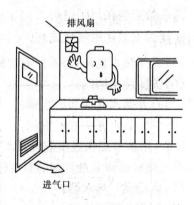

图2-26 采暖热水炉
安装位置要求

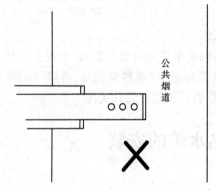

图2-27 严禁将给排气口安装在公共烟道

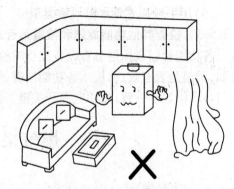

图2-28 严禁安装在卧室等场所

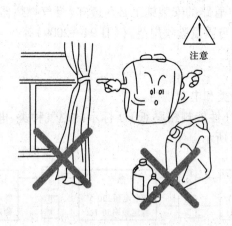

图2-29 热水器不得安装在吊橱下等场所

③严禁安装在封闭空间,如图 2-30 所示。

④严禁安装在燃气灶或其他热源上方,如图 2-31 所示。

图 2-30　严禁安装在封闭空间

图 2-31　严禁安装在其他热源上方

⑤严禁安装在电器设备或有易燃品(汽油、有机溶剂、胶水)及腐蚀性化学药品(如酒精、盐酸、硫黄等)旁边,以防发生火灾或腐蚀机体,如图 2-32 所示。

⑥严禁安装在楼梯和安全出口附近(5 m 以外不受限制),如图 2-33 所示。

图 2-32　严禁安装在电器设备或有易燃品等旁边

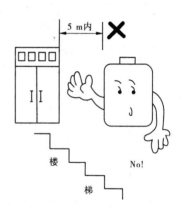

图 2-33　严禁安装在楼梯和安全出口附近

(5)供排气。

①采暖热水炉使用随机附带的排烟管,排烟效果最佳。

②排烟管为采暖热水炉专用,不要改变其形状及结构。

③确认安装采暖热水炉的地点到排烟末端管之间的距离是否在规定距离(3 m)之内。

④安装采暖热水炉的地方要有与外界相通的换气口。

⑤换气口的有效面积应大于排烟管的截面面积。

(6)排烟管的安装标准。

①排烟管出口务必接至室外。

②若有可能积雪时,注意安装时采取一些措施,防止出现这种情况。

③排烟管的出口处勿放置危险物品。

④排烟管安装应稍向下倾斜。

⑤安装时,不要将出口向上倾斜,以防止雨水灌入。

⑥墙壁外为可燃物时,排烟管必须与之保留 300 mm 以上距离,烟气吹出方向与之保留至少 800 mm 的距离,而且在上述范围之内,不能有可能打开的窗户,如图 2-34 所示。

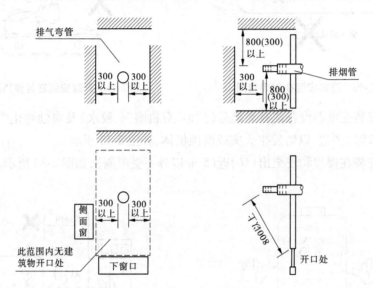

注:( )是将防热板安装在四周墙壁、天花板时的尺寸。防热板使用厚度3 mm以上的非金属阻燃材料。

图 2-34 排烟管安装标准 (单位:mm)

(7)排烟管的安装要求。

①排烟管贯穿可燃物时的间隔距离见表 2-1。

②排烟管隐藏安装时与可燃物的距离如图 2-35 所示。

A. 排烟管安装在天花板等隐蔽位置时,排烟管连接处不允许有漏气现象,并用阻燃材料包裹。

B. 为了便于检查、修理隐蔽处的排烟管,安装时应预留检查口。

C. 为了能顺利检查整个排烟管,应设置两个以上的检查口,如隐蔽部分有贯通墙壁时,检查口应设置在靠墙处。

表 2-1　排烟管贯穿可燃物时的间隔距离

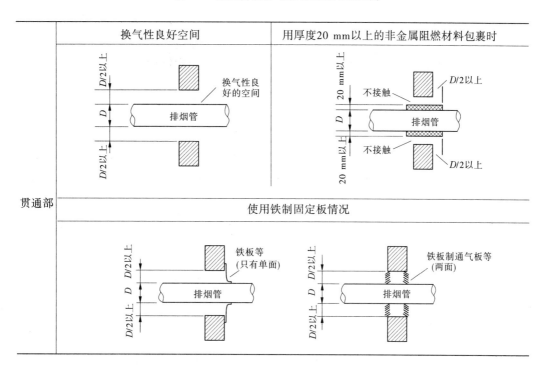

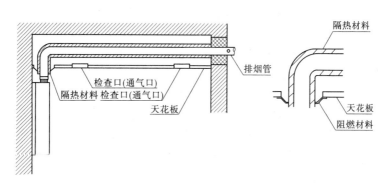

图 2-35　排烟管隐藏安装时与可燃物的距离

2.3.3　燃气采暖热水炉的安装

2.3.3.1　安装位置和保养的最小空间

为了便于日后的正常保养与维护,也为了保证燃气采暖热水炉在工作时外侧热表面不对安装墙壁和周围可燃物造成影响,燃气采暖热水炉在安装时需要满足图 2-36 中所示的最小空间要求:侧面距离 80 mm,下端距离 250 mm,顶端距离 400 mm。

2.3.3.2　采暖热水炉的安装

采暖热水炉的安装如图 2-37 所示。

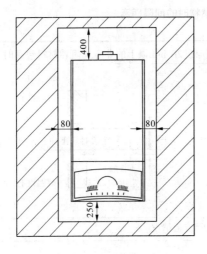

图 2-36　安装位置和保养的最小空间

（单位：mm）

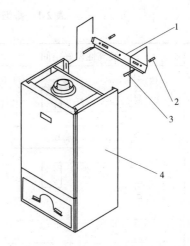

1—固定挂架；2—膨胀管；3—膨胀螺丝；4—采暖热水炉

图 2-37　采暖热水炉的安装

（1）根据燃气采暖热水炉的挂吊安装孔距（如外形尺寸图），在墙上打两个孔。

（2）使用与燃气采暖热水炉随附的膨胀螺丝 3 和膨胀管 2 将燃气采暖热水炉悬挂固定挂架 1 安装固定在墙壁上。

（3）将燃气采暖热水炉 4 举到背后横向挂梁高于墙上的悬挂固定挂架 1，靠近墙面轻轻放下，使横梁卡进墙上的挂架。在挂燃气采暖热水炉时，一定要托住底部，轻轻放下，以防虚挂对燃气采暖热水炉造成损坏。

2.3.3.3　燃气采暖热水炉系统的安装

（1）燃气管路的连接。

连接燃气管路前，必须在燃气管路接口 1 前端安装燃气截止阀 2。燃气采暖热水炉燃气管路接口 1 为 R3/4″外螺纹接口，应使用燃气专用的不锈钢波纹管连接以供应燃气，对于燃气供应压力要求 2 000 Pa。用户需使用足够余量的燃气表。

①在使用前要对燃气管路进行吹扫，这样有利于保护燃气阀，避免损坏。

②将燃气管路连接到燃气采暖热水炉时，应连接到唯一正确的燃气管路接口 1，并使用燃气专用密封垫，防止燃气泄漏。

③调试前，将燃气管路内的空气排净。

④使用燃气采暖热水炉前，必须检查燃气管路是否泄漏。

（2）热水管路的连接。

冷水入口 1 及热水出口 2 均为 R3/4″外螺纹接口。安装水管时，使用水管专用的密封垫，以防止漏水。冷水管与燃气采暖热水炉连接前，应先通水清除管内污垢，再与燃气采暖热水炉连接，以防污垢堵塞管路。

①冷水入口配管：

A. 机器的最低动作水压为 0.02 MPa。为了正常使用，应保证 0.02 MPa 以上供水压力。冷水入口应由水路管直接配管。

B. 为使机器能够取下，应以连接接头或金属软管连接。注意不要把冷、热水管接错。

②热水出口配管：

A. 热水出口应使用金属管,若使用耐热塑料管,可能会发生破裂,请勿使用。

B. 安装在使用频繁地点的机器,其热水出口管应尽可能缩短。

C. 若向楼上配管,有必要增加供水压力。

D. 应使用通水阻力较小的混水龙头及降压较小的花洒。

（3）采暖管路的连接。

采暖水入口 1 和采暖水出口 2 均为 R3/4″外螺纹接口。连接采暖水管时,应使用水管专用的密封垫,以防止漏水。

安装供暖管路时,尽量使用分配器,分配器的分支管应向下连接,分配器要作保温处理,再连接各个房间。用地板方式取暖时,供暖管路应作埋地施工,不得有接头,因为若有泄漏现象,会给修理带来不便。

2.3.3.4 电控系统的连接

建筑物的配线系统应有接地线,器具的接地线应牢固并可靠接地;器具连接的开关不应设置在有浴盆或淋浴设备的房间;插头、插座应通过相关认证(Ⅰ类电器)。

2.3.3.5 烟管的安装

燃气采暖热水炉烟管安装尺寸如图 2-38 所示。

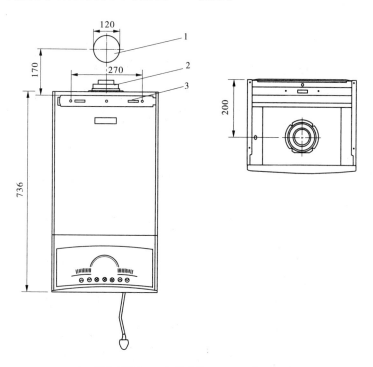

1—烟管安装孔;2—烟管连接口;3—壁挂炉安装挂架

图 2-38 燃气采暖热水炉烟管安装尺寸 （单位:mm）

安装排烟管时参照图 2-39。括号内是将防热板安装在四周墙壁、天花板时的尺寸,防热板应使用厚度为 3 mm 以上的非金属阻燃材料。

（1）排烟管安装：

①在墙壁上打一直径为 $\phi110$ mm 的圆洞（不可燃材料时）。

②按安装设置图，将由屋外侧伸入屋内的排烟管固定。

③将墙体密封环装好。

④将壁挂炉的安装挂架固定在墙上，将壁挂炉挂到安装挂架上，在水平烟管上安装 90°弯头，弯头连同直管安装到机体上。

（2）排烟管连接，如图 2-40 所示。

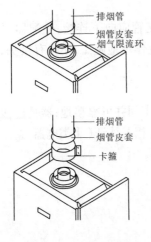

图 2-39　排烟管安装

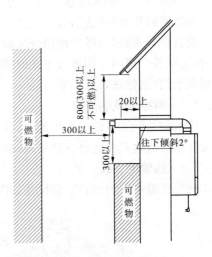

图 2-40　排烟管连接 （单位：mm）

①安装排烟管之前，先将随机附带的烟气限流环装好，如图 2-39 所示。

②如图 2-39 所示，先将烟管皮套套在排烟管上，然后将排烟管与机器的排气接头相连接。

③用烟管卡箍将排烟管与排气管接头卡住，然后用螺丝将卡箍锁紧。

注意：

①勿安装管径大于 $\phi100$ mm/$\phi60$ mm 的给排气烟管，以免发生烟气逆流结露水滴流入采暖热水炉内。

②排烟管内部勿安装防火挡板等阻止采暖热水炉正常燃烧及排气的零件。

③排烟管勿接触窗帘等易燃物品。

④不要使用一般换气用的排烟管连接采暖热水炉的排烟管，以免发生危险。

2.3.4　调试

2.3.4.1　燃气调试前的注意事项

（1）开始调试前，需检查铭牌上有关数据，并检查供气条件是否满足机器要求；

（2）机器是否安装牢固，周围是否有影响其工作的器具；

（3）整机安装完成后，严格检查燃气管路和采暖管路，确保没有漏水后再注水进行调试；

（4）只有燃烧室盖板在闭合状态下才能进行调试；

（5）调试完成后要严格检查燃气管路与燃气阀是否漏气。

2.3.4.2　燃气进气压力检测

（1）拆下燃气采暖热水炉外壳,向前下方拉出控制盒；

（2）关闭燃气采暖热水炉的燃气截止阀；

（3）燃气阀上的密封螺杆连接数字压力表或 U 形管压力计；

（4）打开燃气采暖热水炉进口的燃气截止阀,启动燃气采暖热水炉(全负荷运行)；

（5）通过数字压力表或 U 形管压力计读出此时燃气压力值。

2.3.4.3　最大输出热负荷的检查与调整

（1）拆下燃气采暖热水炉外壳,向前下方拉出控制盒；

（2）关闭燃气采暖热水炉的燃气截止阀；

（3）松开燃气阀上的密封螺杆；

（4）连接数字压力表或 U 形管压力计；

（5）打开燃气采暖热水炉进口的燃气截止阀；

（6）在生活热水状态下启动燃气采暖热水炉,分别使其以最大负荷和最小负荷运行；

（7）通过数字压力表或 U 形管压力计读出此时燃气压力值,并和规格表中规格值进行比对。

第3章 燃气附属设施的安装

3.1 燃气管道的安装

3.1.1 支管安装

3.1.1.1 管材切割

管子的切断有手工切断法、机械切断法和气割法三种。室内燃气管道的安装多采用螺纹连接,切口要求平整,常采用前两种切割方法。

1.手工切断法

1) 钢管锯割

钢管锯割是施工现场应用最普遍的一种切断方法。

(1)锯条安装:安装锯条必须注意安装方向,应将锯齿尖向前,锯条安装在锯弓夹头的销钉上,利用螺母调整锯条松紧度,锯片安装应松紧适当,太松锯缝易歪斜,太紧容易崩断。如图3-1所示。

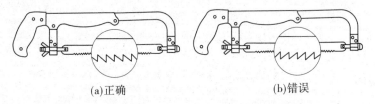

| (a)正确 | (b)错误 |

图3-1　锯条安装方法

(2)锯削时,应在锯条上刷上机油,以便在锯片锯入管道时,润滑锯缝与锯片,减小锯缝对锯片的摩擦阻力。另外,机油能对钢管及锯条降温,防止锯条切割时温度过高,而导致锯条受磨损。如图3-2所示。

(3)锯削前应使用记号笔、直尺在管道上画出切割线,方便切割时判断锯缝是否垂直于管中心线。如图3-3所示。

(4)推锯时,身体应自然站立,与管子压力钳中心线成45°角,左脚稍有弯曲地往前跨半步,重心在右腿,且其与地面垂直,身体略向前倾。如图3-4所示。

(5)右手握住锯柄,左手压在锯弓前端,锯削时,右手主要控制推力,左手主要配合右手扶正锯弓,并施加压力。如图3-5所示。

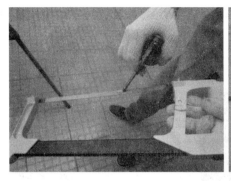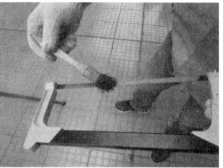

图 3-2　锯削时刷机油

图 3-3　锯削前画切割线

图 3-4　推锯时身体站位

图 3-5　推锯时手的握法

（6）起锯时,用左手拇指靠住锯条,加压要小,速度要慢,往复行程要短,起锯角15°左右。如图3-6 所示。

起锯时，用左手拇指靠住锯条，加压要小，速度要慢，往复行程要短

锯片边缘与管口的横轴成15° 左右的夹角

图3-6　起锯速度及角度

（7）锯削时,尽量利用锯条全长,一次往复距离不小于锯条全长的2/3,不可在一个方向上连续锯削到结束。如图3-7 所示。

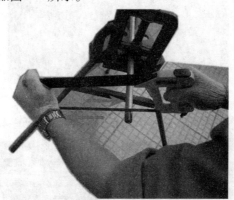

利用锯条全长，一次往复距离不小于锯条全长的2/3

图3-7　锯削时尽量利用锯条全长

（8）管道锯割结束前,断口与管道间的连接不应用手将管道掰断,应使用锯条锯断。如图3-8 所示。

严禁用手将管道掰断

应使用锯条锯断

图3-8　断口与管道间的连接应使用锯条锯断

（9）切割完毕后应立即清扫地面上的铁屑和断口。如图3-9 所示。

图 3-9　切割完毕清扫

2）钢管刀割

钢管刀割也是施工现场普遍应用的切断方法。切割时，必须始终保持滚刀与管子轴线垂直，并注意使切口前后相接。

（1）把要切割的管子夹在钢管割管器的刃与滚轮之间，转动手柄紧固。此时，管子轴心与刃平面成直角。如图 3-10 所示。

图 3-10　切割管子夹法

（2）钢管割管器绕着管子公转，刃自身也自转。此时，管子外壁开始产生挤压的槽。如图 3-11 所示。

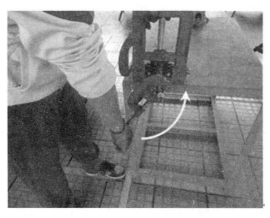

图 3-11　钢管割管器转动割管

（3）用手柄进一步紧固，并继续将钢管割管器绕着管子做公转运动。如图3-12所示。

通过轮式刀刃对钢管的挤压形成的割缝

图 3-12　割管器转动割管

（4）接连不断地反复进行这个操作直至管子被切断，钢管割管器向任何一方旋转均可。如图3-13所示。

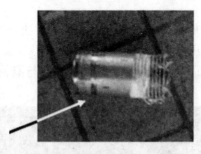

练习时会产生大量的管子断头，练习后应及时清理，以防人员滑倒摔伤

图 3-13　割管器切断管子

2.机械切断法

机械切断法主要介绍电动砂轮切割机磨割。电动砂轮切割机是常用的机械切割机械，用来切割管材和型钢，主要由砂轮切割片、电动机、传动装置、防护罩、带开关的操纵杆、弹簧、夹管器、底座等部件组成。

（1）工作前，操作人员必须佩戴个人防护用品，但严禁戴手套作业。如图3-14所示。

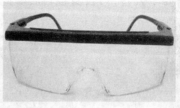

图 3-14　防护用品

（2）检查砂轮有无裂纹和破损。砂轮必须完好，无裂纹、无损伤。安装前应目测检查，若发现有裂损，严禁使用。禁止用受潮、受冻的砂轮。不准使用存放超过安全期的砂轮。此类砂轮会变质，使用非常危险。

（3）开机前，必须认真检查电动砂轮切割机（见图3-15）的各部螺丝有无松动，砂轮有无裂纹，金属外壳和电源线有无漏电之处。如有上述弊病，必须修好后方可使用。

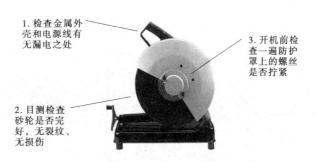

1. 检查金属外壳和电源线有无漏电之处

3. 开机前检查一遍防护罩上的螺丝是否拧紧

2. 目测检查砂轮是否完好，无裂纹、无损伤

图 3-15　电动砂轮切割机

（4）切割前，首先对电动砂轮切割机进行空转试验，无问题时方可进行操作。如电动砂轮切割机启动后跳动明显，应及时停机修整。

（5）用电动砂轮切割机的夹管器将需切割的工件固定在底座上。如图 3-16 所示。

（6）使用时，操作者不得在砂轮的正面进行操作，必须蹲（站）在电动砂轮切割机的侧面，以免砂轮出故障时，砂轮飞出或砂轮破碎飞出伤人。电动砂轮切割机的控制手柄要拿稳，并要缓慢使砂轮切割片接触工件，不准撞击和猛压，要用砂轮正面，禁止使用砂轮侧面磨削。

（7）任何砂轮都有一定的使用磨损要求，磨损情况达到一定的程度就必须重新更换新的砂轮。不能为了节约材料，就超磨损要求使用，这是一种极不安全的违章行为。一般规定，当砂轮磨损到直径比卡盘直径大 10 mm 时就应更换新砂轮。

（8）切割完毕，松开操作杆，关闭电源。管子切断后，应用锉刀锉去管口的飞边、毛刺，如图 3-17 所示。砂轮切割机切割效率高、速度快、切口质量好。

图 3-16　切割的工件固定在底座上

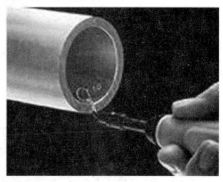

图 3-17　用锉刀锉去管口的飞边、毛刺

3.1.1.2　管材套螺纹

1. 手工套螺纹工具加工螺纹

手工套螺纹是指用管子铰板套制管子外螺纹。

（1）套螺纹前，应选择与管径相对应的板牙，按序号将 4 个板牙依次装入铰板（牙板）的板牙室。如图 3-18 所示。

（2）在板牙松紧把手闭合的情况下调动铰板前卡盘上的活动表盘，使指示标志指向刻度环上相对应的刻度，从而调节进刀量。调节完毕后将调节锁拧紧，防止刻度环移动。如图 3-19 所示。

（3）将管道在管压钳上夹持牢固，使管道呈水平状态，管端伸出管压钳 250～300

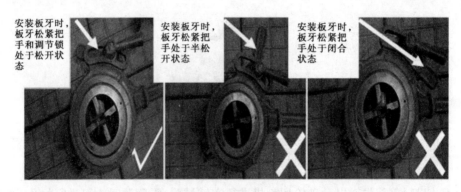

安装板牙时，板牙松紧把手和调节锁处于松开状态

安装板牙时，板牙松紧把手处于半松开状态

安装板牙时，板牙松紧把手处于闭合状态

图 3-18　安装板牙方法

板牙进刀深度指示针

标尺。调节板牙进刀深度时，选择与管材相对应的标尺

图 3-19　调动铰板前卡盘上的活动表盘

mm，不得小于 150 mm。如图 3-20 所示。

（4）将调节好的铰板套进管道上，使管道处于后卡盘支撑柱的中间部分后将后卡盘扭紧。如图 3-21 所示。

图 3-20　管道在管压钳上夹持牢固使管道呈水平状态　　图 3-21　扭紧后卡盘

（5）将管道处于 4 个板牙的正中间，管子的端口应处在板牙长度的 1/3 处。如图 3-22 所示。

图 3-22　管道处于 4 个板牙的正中间,管子的端口应处在板牙长度的 1/3 处

(6)开始套螺纹时,要向螺纹加工部位滴入机油以润滑、降温。如图 3-23 所示。

(7)操作时,首先站在管端的侧前方,面向管压钳,两腿一前一后叉开,一只手压住铰板,同时用力向前推进,另一只手握住手柄,按顺时针方向扳动铰板。如图 3-24 所示。

由外往内平均施加压力

图 3-23　向螺纹加工部位滴入机油　　　图 3-24　螺纹加工操作铰板

(8)当螺纹加工接近规定的长度时,一边扳动手柄,一边缓慢松开板牙松紧把手(每松开板牙松紧把手 1/3,铰板转动 1/3 圈)。板牙松紧把手完全松开后才松开后卡板。如图 3-25 所示。

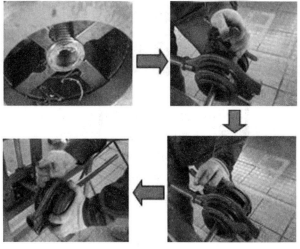

图 3-25　当螺纹加工接近规定的长度时的操作方法

（9）第一遍螺纹加工（浅套或粗套）时，进刀不宜太深。套完一遍后，用毛刷清扫板牙和管子上的铁屑，严禁用手触碰或拿掉铁屑，以防铁屑刺进皮肤。如图 3-26 所示。

图 3-26　第一遍螺纹加工

（10）第二遍螺纹加工（深套）时，应重新调节进刀量。进刀量比第一遍螺纹加工深 1 mm。如图 3-27 所示。

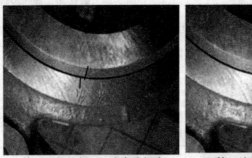

(a)第一遍螺纹加工（浅套或粗套）　　(b)第二遍螺纹加工（深套）

图 3-27　第二遍螺纹加工

手工套螺纹工具加工螺纹时应注意以下内容：

（1）为了防止由于板牙对浅套形成的螺纹雏形破坏，在第二遍螺纹加工时，板牙要与浅套形成的螺纹雏形对位后才能将板牙松紧把手闭合。如图 3-28 所示。

（2）套完螺纹退出铰板时，铰板不得倒退回来，只能轻轻地上下移位退出来。如图 3-29 所示。

板牙的凸出处必
须镶入螺纹锥形
的凹位处

图 3-28　板牙要与浅套形成的螺纹锥形对位　　图 3-29　套完螺纹退出铰板时
铰板不得倒退回来

（3）每次加工前都要往螺纹加工部位滴入机油以润滑、降温。一般 DN25 以内的管道原则上要求两次成型，DN25 ~ DN40 必须两次成型，大于 DN50 的管道要三次成型。

（4）螺纹套好后要用连接件试一下，用手能拧进 2 ~ 3 扣为宜。

2. 电动套螺纹工具加工螺纹

电动套螺纹是指采用套螺纹机加工管子外螺纹。

1）装夹管子

（1）松开前后卡盘，从后卡盘一侧将管子穿入。如图 3-30 所示。

（2）用右手抓住管子，先旋紧后卡盘，再旋紧前卡盘将管子卡牢，然后将捶击盘逆时针方向适当捶紧，管子就夹紧了。如图 3-31 所示。

图 3-30　松开前后卡盘，从后卡盘一侧将管子穿入　　图 3-31　夹紧管子方法

（3）完成切削工作后，只要朝相反方向推动捶击盘，就能将管子松开。如图 3-32 所示。

逆时针为锁紧管道

顺时针为松开管道

图 3-32　切削完成将管子松开

（4）在装夹短管时够不着后卡盘，只需将前卡盘稍松开，放入短管，并使其与板牙斜口接触即可，这有助于捶紧前卡盘时，保证正确确定管子的中心。

（5）按下启动开关，管子就随卡盘转动。如发现电机正常运行但卡盘不动，应检查快慢挡控制手柄是否打在空挡位上。如图 3-33 所示。

红色按钮为关闭，绿色按钮为启动

快慢挡控制手柄，使用时注意挡位

图 3-33　按下启动开关，管子随卡盘转动

2）割断

（1）扳起倒角器和铰板至管子上方，扳下切割刀，并转动割刀把手，增大割刀开度，使割刀滚子能跨于管子上。如图 3-34 所示。

图 3-34　扳起倒角器和铰板至管子上方

（2）转动手轮，使割刀移至需割断的位置。如图 3-35 所示。

（3）旋转割刀，使割刀与管子夹紧。如图 3-36 所示。

图 3-35　转动手轮使割刀移至需割断的位置

图 3-36　旋转割刀使割刀与管子夹紧

（4）慢慢旋转割刀把手将割刀片切入管子，管子每转一周或几周割刀手柄转半周。禁止将割刀把手转得太猛烈。

（5）完成切割工作后，将割刀给进螺杆退位，并扳起割刀架至原位置。如图 3-37 所示。

3）倒角

（1）扳起铰板和切割刀，扳下倒角器，并朝管子方向推刀杆，倒角器手柄转 1/4 周将刀柄锁紧。

（2）转动手轮,将倒角器送向管子。

（3）完成工作后,退回刀杆,将倒角器升至闭合位置。如图 3-38 所示。

图 3-37 切割完后将割刀给进螺杆
退位,扳起割刀架至原位置

图 3-38 倒角

4）套丝准备工作

（1）按照加工要求选择板牙。板牙是成套配置的,所以必须成套使用,当一块板牙损坏时,就得同时更换其他三块板牙,以免影响套丝质量。

（2）将板牙按编号装入铰板。如图 3-39 所示。

图 3-39 将板牙按编号装入铰板

（3）调好刻度,锁紧板牙。螺纹规格调整刻度尺位置已在出厂前标定,禁止私自调节刻度尺。如图 3-40 所示。

(a) 板牙安装序号

(b) 板牙适用范围标记

图 3-40 调好刻度,锁紧板牙

5）套丝

（1）扳起切割刀和倒角器让开位置，扳下铰板，旋转滑架手轮，使铰板朝管子靠近。如图 3-41 所示。

（2）第一遍套丝时，在板牙与管子接触时旋转手轮的力应逐渐增大，直至板牙与管子咬入 3 ~ 4 牙，如能在手轮上稍用力以保持铰板运动同步，能获得最佳套丝质量。DN15 的管螺纹分两次套成，DN25 的管螺纹分三次完成。如图 3-42 所示。

（3）停机、退回滑架，直到整个铰板都从管子端退出，用毛刷清扫板牙上的铁屑。如图 3-43 所示。

图 3-41　准备套丝

图 3-42　套丝

图 3-43　套丝完成工作

3.1.1.3　镀锌钢管螺纹连接

1. 压力钳（管道台虎钳）夹持管道的方法

旋动螺杆后将固定钩掀开，并将支架的定位掀起，将需要固定的管子放在下板牙上，根据操作的需要在压力钳外留出适当长度的管段。将支架落下，固定钩扣好后，螺杆向下旋动，使上板牙压紧管子，进度要适宜，以管子不能转动为宜。相反，如将把手沿逆时针方向回转，则上板牙被提起，管道即可取出。夹持较长的管道时，需注意将管道的另一端支撑起来，以免损坏压力钳。如图 3-44 所示。

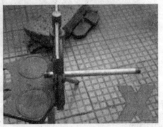
(a) 压力钳固定管道的正确长度 (20~25 mm)

(b) 错误地在压力钳龙门架
工作台上安放工具 / 管件

(c) 错误地在压力钳反方向拆装管道

图 3-44　压力钳（管道台虎钳）夹持管道的方法

2.管钳的使用

管钳适用于拆装表面光滑且没有多边形结构外表的管材与管件。管钳及其使用方法如图 3-45 ~ 图 3-48 所示。

图 3-45 管钳

(a) 正确使用管钳拆装管材 / 管件的手法

(b) 利用管钳正确拆装
管件的操作方法

(c) 使用短管拆装三通
管件的操作方法

图 3-46 管钳正确操作方法

(a) 错误使用管钳固定 / 安装三通管件

(b) 错误使用管钳固定 / 安装弯头管件

图 3-47 管钳错误固定/安装弯头管件方法

(a) 管钳扭转方向错误   (b) 错误使用管钳拆装阀门（旋塞阀）

图 3-48　管钳错误拆装阀门方法

3. 活动扳手的使用方法

（1）根据被紧固的紧固件的特点选用相应的扳手。

（2）旋紧，用手握扳手柄末端，顺时针方向用力旋紧；旋松，逆时针方向旋松。如图 3-49、图 3-50 所示。

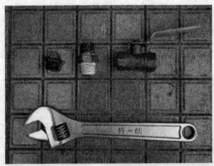

(a) 活动扳手只适合用于拆装表面是多边形结构外表的管件

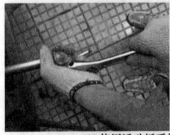

(b) 使用活动扳手拆装管件的手法

图 3-49　正确使用活动扳手拆装管件的手法

4. 螺丝刀的使用方法

将螺丝刀拥有特化形状的端头对准螺丝的顶部凹坑，固定，然后开始旋转手柄。根据规格标准，顺时针方向旋转为嵌紧，逆时针方向旋转则为松出。螺丝刀如图 3-51 所示。

5. 水平尺的使用方法

（1）在使用前，先校准水平尺。

（2）手持式水平尺的校准方法是先把水平尺靠在墙上，然后把水平尺放平，在墙上画

(a) 活动扳手钮转方向错误

(b) 错误使用活动扳手固定 / 安装三通管件

(c) 错误使用活动扳手拆装管道

(d) 错误使用活动扳手安装弯头管件

图 3-50　错误使用活动扳手拆装管件的手法

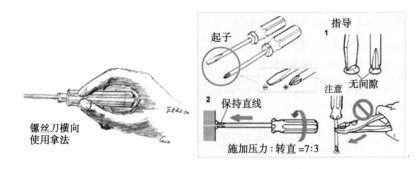

图 3-51　螺丝刀

根线(假设是水平线)。

(3)把水平尺左右两头互换,再放到原来画好的线上看,如果尺跟线重合了,水平尺的水准管里的水还是平的,那么这根水平尺就是准确的,如果不平就要调一下水准管的螺丝来校正。一般的水平尺都有三个玻璃管,每个玻璃管中有一个气泡。将水平尺放在被测物体上,水平尺气泡偏向哪边,则表示哪边偏高,即需要降低该侧的高度,或调高相反侧的高度,将水泡调整至中心,就表示被测物体在该方向是水平的。原则上,横竖都在中心时,带角度的水泡也自然在中心了。横向玻璃管用来测量水平面,竖向玻璃管用来测量垂直面,另外一个玻璃管一般是用来测量45°角的,三个水泡的作用都是用来测量测量面是否水平,水泡居中则水平,水泡偏离中心,则测量面不是水平的。另外,根据两条交叉线确定一平面的原理,需要同一平面内在两个不平行的位置测量才能确定平面是否水平。

3.1.2 燃气管路泄漏检测

3.1.2.1 刷肥皂水检漏操作方法

用刷肥皂水检漏,就是用毛刷蘸肥皂水刷在管道所有接头检漏的操作方法,一般用于管道连接后的漏气检查及强度试验、严密性试验等。操作步骤如下:

(1)在燃气管道各连接部位刷肥皂水。如图 3-52 所示。

图 3-52　刷肥皂水检漏

(2)一边刷,一边观察有无气泡出现。

(3)当有气泡出现时,在泄漏处画记号。

3.1.2.2 用泄漏检测仪检漏的操作方法

当用刷肥皂水检漏无效时,应用泄漏检测仪检测(见图 3-53),因为泄漏检测仪灵敏度高,一般微漏均可测出。操作步骤如下:

(1)开启泄漏检测仪。

(2)调整测量参数。

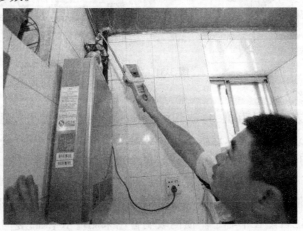

图 3-53　泄漏检测仪检漏

(3)将检测头对准检测部位,在被测泄漏点及其附近检测。

(4)当听到报警声或警示灯亮时,看准测头所指部位画记号并关闭泄漏点上游阀门。

3.2　燃气计量表的安装

3.2.1　检查

3.2.1.1　燃气计量表有效期及外观规范规定

《城镇燃气室内工程施工与质量验收规范》(CJJ 94—2009)中的规定如下:

5.1　一般规定

5.1.1　燃气计量表在安装前应按本规范第 3.2.1、3.2.2 条的规定进行检验,并符合以下规定:

　　1　燃气计量表应有出厂合格证、质量保证书;标牌上应有 CMC 标志、最大流量、生产日期、编号和制造单位;

　　2　燃气计量表应有法定计量检测鉴定机构出具的检测鉴定合格证书,并应在有效期内;

　　3　超过检测鉴定有效期及倒放、侧放的燃气计量表应全部进行复检;

　　4　燃气计量表的性能、规格、适用压力应符合设计文件的要求。

5.1.2　燃气计量表应按设计文件和产品使用说明书进行安装。

5.1.3　燃气计量表的安装位置应满足正常使用、抄表和检修的要求。

3.2.1.2　检查燃气计量表有效期和外观的方法

(1)查看燃气计量表包装箱内的产品使用说明书、装箱单及质量保证书等。

(2)查看燃气计量表上有无检测鉴定机构的检测鉴定合格证和厂家的产品出厂合格证、CMC 标志、注意事项标志及出厂编号等。

(3)目测燃气计量表的外表面应无明显的损伤,外表面的油漆膜应完好。

3.2.2　燃气计量表的连接

3.2.2.1　燃气计量表的连接方式和安装质量要求

1.燃气计量表的连接方式

燃气计量表安装分高表位安装和低表位安装两种方式。

2.煤气计量表的安装质量要求

(1)高表位安装时,表底距地面不宜小于 1.4 m。

(2)低表位安装时,表底距地面不宜小于 0.1 m。

(3)高表位安装时,燃气计量表与燃气灶的水平净距不得小于 300 mm,表后与墙面净距不得小于 10 mm。

(4)燃气计量表安装后应横平竖直,不得倾斜。

(5)采用高表位安装,多块表挂在同一墙面上时,表之间净距不宜小于 150 mm。

3.2.2.2　连接燃气计量表的操作方法

(1)燃气计量表必须具备以下条件方可安装:

①燃气计量表上应有检测鉴定标志和出厂合格证,标牌上应有 CMC 标志、出厂日期

和表编号。

②燃气计量表的外表面应无明显的损伤。

③距出厂检验日期未超过6个月。

(2)民用燃气计量表的安装位置,应符合下列要求:

①宜安装在不燃或难燃结构的室内通风良好和便于查表、检修的地方。

②严禁安装在下列场所:

A.卧室、卫生间及更衣室内;

B.有电源、电器开关及其他电器设备的管道井内,或有可能滞留泄漏燃气的隐蔽场所;

C.环境温度高于45 ℃的地方;

D.经常潮湿的地方;

E.堆放易燃易爆、易腐蚀或有放射性物质等危险的地方;

F.有变、配电等电器设备的地方;

G.有明显振动影响的地方;

H.高层建筑中的避难层及安全疏散楼梯间内。

3.2.2.3　民用燃气计量表的安装环境

燃气计量表的环境温度,当使用人工煤气和天然气时,应高于0 ℃;当使用液化石油气时,应高于其露点5 ℃以上。

3.2.2.4　民用燃气计量表的安装距离

住宅内燃气计量表可安装在厨房内,当有条件时也可设置在户门外。住宅内高表位安装燃气计量表时,表底距地面不宜小于1.4 m;当燃气计量表装在燃气灶具上方时,燃气计量表与燃气灶的水平净距不得小于30 cm;低表位安装时,表底距地面不得小于10 cm。

3.2.2.5　居民用户干式皮膜式燃气计量表的安装

1.安装

1)高表位安装

燃气计量表在厨房内高表位安装:可与燃气灶具安装在同侧墙面,也可安装在灶具的两侧墙面或对面墙面上。燃气计量表与下垂管的连接,以及下垂管与灶具的连接,可采用耐油橡胶管和加强型耐油塑料软管。

2)低表位安装

燃气计量表在厨房内的低表位安装:可安装在灶板下面,也可安装在灶板下方的左右两侧。低表位接灶的水平支管的活接头不得设置在灶板内。

燃气计量表的进出气管分别在表上两侧时,一般面对表字盘左侧的为进气管,右侧为出气管,连接时,勿接错方向。

燃气计量表前后宜采用镀锌钢管或燃气计量表专用的不锈钢波纹管,螺纹连接要严密。使用镀锌钢管连接时,表前水平支管坡向立管,表后水平支管坡向灶具。

2.燃气计量表连接步骤

(1)看安装图,找出燃气计量表的安装位置及表底部的标高,确定是高表位安装还是低表位安装。

（2）对照相关规范对图中的安装位置进行核对。

（3）在装有表前阀的水平支管上安装弯头和燃气计量表专用的连接件。

（4）在燃气计量表密封接口处放密封垫。

（5）一只手托住燃气计量表底部,并将放有密封垫的表接口接近表连接件锁母;另一只手将表连接件锁母对准表接口并带扣,用大扳手拧紧螺母。

（6）表连接件锁母与燃气计量表出口对正带扣,拧紧螺母。

（7）将出口侧表连接件与通往燃具的支管相连。

（8）刷肥皂水检漏。

第4章 燃气工商业设备的安装规范和运行管理

4.1 燃气工商业设备的安装规范

4.1.1 燃气工商业设备的概念

根据城镇燃气使用的性质,将用气类型分为居民生活用气、工商业用气,用户相应分为居民用户和工商业用户两大类。居民生活用气主要用于居民家庭炊事、制备热水、供暖等;工商业用气主要用于工商业用户的生产经营和生活。工商业用户主要包括工厂、医院、学校、宾馆、酒店、餐厅及其他服务行业。由于工商业、企业生产用气设备的用途广泛,要求满足燃气、烟气及通风的基本要求,所以工商业燃具的安装及使用必须遵守相关的国家标准和规范,还要符合燃具制造商的安装规范和使用守则。

4.1.2 商业及烹调用的燃具安装规范

4.1.2.1 设备的安装规范

(1)商业用气设备宜采用低压燃气设备。

(2)商业用气设备应安装在通风良好的专用房间内;商业用气设备不得安装在易燃易爆物品的堆存处,也不应设置在兼作卧室的警卫室、值班室、人防工程等处。

(3)商业用气设备设置在地下室、半地下室(液化石油气除外)或地上密闭房间内时,应符合下列要求:

①燃气引入管应设手动快速切断阀和紧急自动切断阀;停电时,紧急自动切断阀必须处于关闭状态;

②用气设备应有熄火保护装置;

③用气房间应设置燃气浓度检测报警器,并由管理室集中监视和控制;

④宜设烟气一氧化碳浓度检测报警器;

⑤应设置独立的机械送排风系统,通风量应满足下列要求:

A.正常工作时,换气次数不应小于 6 次/h;事故通风时,换气次数不应小于 12 次/h;不工作时,换气次数不应小于 3 次/h。

B.当燃烧所需的空气由室内吸取时,应满足燃烧所需的空气量。

C.应满足排除房间热力设备散失的多余热量所需的空气量。

(4)商业用气设备的布置应符合下列要求:

①用气设备之间及用气设备与对面墙之间的净距应满足操作和检修的要求;

②用气设备与可燃或难燃的墙壁、地板和家具之间应采取有效防火隔热措施。

(5)商业用气设备的安装应符合下列要求:

①大锅灶和中餐炒菜灶应有排烟设施,大锅灶的灶膛或烟道处应设爆破门;

②大型用气设备的泄爆装置,应符合《城镇燃气设计规范》(GB 50028—2006)10.6.6条的规定。

(6)商业用户中燃气锅炉和燃气直燃型吸收式冷(温)水机组的设置应符合下列要求:

①宜设置在独立的专用房间内。

②设置在建筑物内时,燃气锅炉房宜布置在建筑物的首层,不应布置在地下二层及二层以下;燃气常压锅炉和燃气直燃机可设置在地下二层。

③燃气锅炉房和燃气直燃机不应设置在人员密集场所的上一层、下一层或贴邻的房间内及主要疏散口的两旁;不应与锅炉和燃气直燃机无关的甲、乙类及使用可燃液体的丙类危险建筑贴邻。

④燃气相对密度(空气等于 1)大于或等于 0.75 的燃气锅炉和燃气直燃机,不得设置在建筑物地下室和半地下室。

⑤宜设置专用调压站或调压装置,燃气经调压后供应机组使用。

(7)商业用户中燃气锅炉和燃气直燃型吸收冷(温)水机组的安全技术措施应符合下列要求:

①燃烧器应是具有多种安全保护自动控制功能的机电一体化的燃具;

②应有可靠的排烟设施和通风设施;

③应设置火灾自动报警系统和自动灭火系统;

④设置在地下室、半地下室或地下密闭房间时,应符合《城镇燃气设计规范》(GB 50028—2006)10.5.3 条和 10.2.21 条的规定。

4.1.2.2　烟道和通风设施安装规范

(1)商业用户厨房中的燃具上方应设排气扇和排气罩。

(2)燃气用气设备的排烟设施应符合下列要求:

①不得与使用固体燃料的设备共用一套排烟设施。

②每台用气设备宜采用单独烟道;当多台设备合用一个总烟道时,应保证排烟时互不影响。

③在容易积聚烟气的地方,应设置泄爆装置。

④应设有防止倒风的装置。

⑤从设备顶部排烟或设置排烟罩排烟时,其上部应有不小于 0.3 m 的垂直烟道方可接水平烟道。

⑥有防倒风排烟罩的用气设备不得设置烟道闸板;无防倒风排烟罩的用气设备,在至总烟道的每个支管上应设置闸板,闸板上应有直径大于 15 mm 的孔。

⑦安装在低于 0 ℃房间的金属烟道应做保温。

(3)水平烟道的设置应符合下列要求。

①水平烟道不得通过卧室。

②商业用户用气设备的水平烟道长度不宜超过 6 m。

③水平烟道应有大于或等于 0.01 坡向用气设备的坡度。

④多台设备合用一个水平烟道时,应顺烟气流动方向设置导向装置。

⑤用气设备的烟道距难燃或不燃顶棚或墙的净距不应小于 5 cm;距燃烧材料的顶棚或墙的净距不应小于 25 cm,当有防火保护时,其距离可适当减少。

(4)烟囱的设置应符合下列要求:

①住宅建筑的各层烟气排出可合用一个烟囱,但应有防止串烟的措施,多台燃具共用烟囱的烟气进口处,在燃具停用时的静压值应小于或等于 0。

②当用气设备的烟囱伸出室外时,其高度应符合下列要求:

A.当烟囱离屋脊的距离小于 1.5 m(水平距离)时,应高出屋脊 0.6 m;

B.当烟囱离屋脊的距离为 1.5~3.0 m(水平距离)时,烟囱可与屋脊等高;

C.当烟囱离屋脊的距离大于 3.0 m(水平距离)时,烟囱应在屋脊水平线下 10°的直线上;

D.在任何情况下,烟囱应高出屋面 0.6 m;

E.当烟囱的位置临近高层建筑时,烟囱应高出沿高层建筑物 45°的阴影线;

③烟囱的排烟温度应高于烟气露点 15 ℃以上。

④烟囱出口应有防止雨雪进入和防倒风的装置。

(5)用气设备排烟设施的烟道抽力(余压)应符合下列要求:

①热负荷 30 kW 以下的用气设备,烟道的抽力(余压)不应小于 3 Pa;

②热负荷 30 kW 以上的用气设备,烟道的抽力(余压)不应小于 10 Pa。

(6)排气装置的出口位置应符合下列规定:

①建筑物内半封闭自然排气式燃具的竖向烟囱出口应符合《城镇燃气设计规范》(GB 50028—2006)10.7.7 条第 2 款的规定。

②建筑物壁装的密闭式燃具的给排气口距上部窗口和下部地面的距离不得小于 0.3 m。

③建筑物壁装的半密闭式强制排气式燃具的排气口距门窗洞口和地面的距离应符合下列要求:

A.排气口在窗的下部和门的侧部时,距相邻卧室的窗和门的距离不得小于 1.2 m,距地面的距离不得小于 0.3 m。

B.排气口在相邻卧室的窗的上部时,距窗的距离不得小于 0.3 m。

C.排气口在机械(强制)进风口的上部,且水平距离小于 3.0 m 时,距机械进风口的垂直距离不得小于 0.9 m。

4.1.2.3　控制设备和安全装置安装规范

(1)商业燃具应有以人手操作的阀、自动控制阀和调压器(如有需要),以控制压力和气体供应。商业燃具也应装设有良好的点火系统。

(2)应用预混式燃烧器的商业燃具,应有控制空气与燃气比例的控制装置/系统以控制燃烧品质而确保火焰的稳定性及燃烧的化学反应的完整性。必须以止回阀保护预混式燃烧器系统的燃气供应。

（3）燃气灶用的燃烧器，其连接软管或金属连接管的长度不应超过1 m，并不应有接口；燃气用软管应采用耐油橡胶管。

4.1.3 工业企业生产用气设备安装规范

4.1.3.1 设备的安装规范

（1）工业企业生产用气设备燃烧装置的安全设施应符合下列要求：

①燃气管道上应安装低压和超压警报及紧急自动切断阀；

②烟道和封堵式炉膛，均应设置泄爆装置，泄爆装置的泄压口应设在安全处；

③鼓风机和空气管道应设静电接地装置，接地电阻不应大于100 Ω；

④用气设备的燃气总阀门与燃烧器阀门之间，应设置放散管。

（2）燃气燃烧需要带压空气和氧气时，应有防止空气和氧气回到燃气管路及回火的安全措施，并应符合下列要求：

①在燃气管路上应设背压式调压器，空气和氧气管路上应设泄压阀；

②在燃气、空气或氧气的混气管路与燃烧器之间应设阻火器，混气管路的最高压力不应大于0.07 MPa；

③使用氧气时，其安装应符合有关标准的规定。

（3）阀门设置应符合下列规定：

①各用气车间的进口和燃气设备前的燃气管道上均应单独设置阀门，阀门安装高度不宜超过1.7 m，燃气管道阀门与用气设备阀门之间应设放散管；

②每个燃烧器的燃气接管上，必须单独设置有启闭标记的燃气阀门；

③每个机械鼓风的燃烧器，在风管上必须设置有启闭标记的阀门；

④大型或并联装置的鼓风机，其出口必须设置阀门；

⑤放散管、取样管、测压管前必须设置阀门。

（4）工业企业生产用气设备应安装在通风良好的专用房间内。当有特殊情况需要设置在地下室、半地下室或通风不良的场所时，应符合《城镇燃气设计规范》（GB 50028—2006）10.2.21条和10.5.3条的规定。

4.1.3.2 烟道和通风设施安装规范

（1）工业企业生产用气设备的水平烟道长度，应根据现场情况和烟囱抽力确定；

（2）工业企业生产用气工业炉窑的烟囱抽力，不应小于烟气系统总阻力的1.2倍。

其他烟道和通风设施与商业用气烟道和通风设施一致。

4.1.3.3 控制设备和安全装置安装规范

（1）工业企业生产用气设备应安装在通风良好的专用房间内。

（2）所有工业企业生产用气设备，包括从市场购买及特别设计的用具，必须设有燃点装置、手动及/或自动控制和安全装置，以确保能安全及正常操作。

（3）当燃气压力低于燃烧器制造商所规定在最大用气量时的数值时，必须装置增压器。

（4）当城镇供气管道压力不能满足用气设备要求，需要安装加压设备时，应符合下列要求：

①在城镇低压和中压 B 供气管道上严禁直接安装加压设备。

②在城镇低压和中压 B 供气管道上间接安装加压设备时,应符合下列规定:

A.加压设备前必须设低压储气罐,其容积应保证加压时不影响地区管网的压力工况,储气罐容积应按生产量较大者确定。

B.储气罐的起升压力应小于城镇供气管道的最低压力。

C.储气罐进出口管道上应设切断阀,加压设备应设旁通阀和出口止回阀;由城镇低压管道供气时,储罐出口处的管道上应设止回阀。

D.储气罐应设上、下限位的报警装置和储量下限位与加压设备停机和自动切断阀连锁。

E.当城镇供气管道压力为中压 A 时,应有进口压力过低保护装置。

(5)喷嘴混合型工业燃烧器的加压燃气和空气必须在喷嘴后才可混合在一起。必须以连接阀或其他技术使空气和燃气按比例分离及独立地供应至喷嘴。

(6)预混式工业燃烧器,包括氧气/燃气燃烧器,不管是部分混合还是完全混合,必须设置保护装置,例如,喷嘴/混合器、零压调压器或其他性能/安全控制的装置。必须以止回阀保护预混式工业燃烧器的燃气供应。

(7)工业企业生产用气设备应有下列装置:

①每台用气设备应有观察孔或火焰监测装置,并宜设置自动点火装置和熄火保护装置;

②用气设备上应有热工检测仪表,加热工艺需要和条件允许时,应设置燃烧过程的自动调节装置。

(8)工业企业生产用气设备燃烧装置的安全设施应符合下列要求:

①燃气管道上应安装低压和超压报警及紧急自动切断阀;

②烟道和封闭式炉膛,均应设置泄爆装置,泄爆装置的泄压口应设在安全处;

③鼓风机和空气管道应设静电接地装置,接地电阻不应大于 100 Ω;

④用气设备的燃气总阀门与燃烧器阀门之间,应设置放散管。

(9)采用机械鼓风的用气设备的燃气总管上,宜设置燃气压力下限自动切断阀。

(10)关于其他工业企业燃烧器(如自动组合燃烧器等),按照其用途及使用场合,可根据它们的特别要求设置合理的装置,但必须有下列部件:基本燃烧器、风扇、气量调校器、空气/燃气比例控制阀、点火系统及安全控制系统。同样地,氧气及燃气燃烧器,如用在高温程序或熔炉,则必须设有该类设备的制造商或供应商所建议的控制系统以确保它们安全操作。

4.2　燃气工商业设备的运行管理

4.2.1　燃气工商业设备的分类

4.2.1.1　按使用燃气的压力分类

(1)低压的燃气工商业设备。

(2)中压的燃气工商业设备。

4.2.1.2　按是否带安全控制装置分类

(1)不带熄火保护装置的燃气工商业设备。

(2)带熄火保护装置的燃气工商业设备。

4.2.2　燃气工商业设备的结构与运行

4.2.2.1　不带熄火保护装置的燃气工商业设备

1.结构图

不带熄火保护装置的燃气工商业设备结构如图4-1所示。

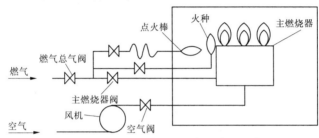

图 4-1　不带熄火保护装置的燃气工商业设备结构

2.操作方法

1)点火准备

(1)启动风机,检查运转情况;

(2)打开空气阀,给炉内送风换气;

(3)关闭空气阀。

2)点火操作

(1)用点火枪点燃点火棒;

(2)用点火棒点燃火种;

(3)交替地打开燃气主燃烧器阀与空气阀。

3)火力调节

(1)调大火力:①开大燃气主燃烧器阀;②开大空气阀。

(2)调小火力:①关小空气阀;②关小燃气主燃烧器阀。

4)熄火操作

(1)临时熄火:①关闭燃气主燃烧器阀;②关闭空气阀。

(2)长时间熄火:①关闭燃气主燃烧器阀;②关闭空气阀;③关闭火种阀门;④关闭燃气总气阀;⑤停风机。

4.2.2.2　带熄火保护装置的燃气工商业设备

1.结构图

带熄火保护装置的燃气工商业设备结构如图4-2所示。

2.操作方法

1)点火准备

(1)启动风机,检查运转情况;

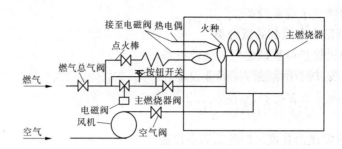

图 4-2　带熄火保护装置的燃气工商业设备结构图

（2）打开空气阀，给炉内送风换气；

（3）关闭空气阀。

2）点火操作

（1）用点火枪点燃点火棒；

（2）按住按钮开关，用点火棒点燃火种；

（3）直到火种烧热热电偶后，放开按钮开关；

（4）交替地打开燃气主燃烧器阀与空气阀。

3）火力调节

（1）调大火力：①开大燃气主燃烧器阀；②开大空气阀。

（2）调小火力：①关小空气阀；②关小燃气主燃烧器阀。

4）熄火操作

（1）临时熄火：①关闭燃气主燃烧器阀；②关闭空气阀。

（2）长时间熄火：①关闭燃气主燃烧器阀；②关闭空气阀；③关闭燃气总气阀；④停风机。

4.2.3　燃气工商业设备安全操作注意事项

（1）点火前应先检查烟囱抽力，引风机、鼓风机运转是否正常，安全设备是否有效，阀门是否关闭、是否有燃气泄漏，若有泄漏应先排除故障，再进行通风或开鼓风机吹扫，确认室内、炉膛内无燃气时再点火。

（2）点火时，应先点火，后开阀门。先点燃点火棒，用已燃的点火棒对准燃烧器的燃烧孔再开阀门。带鼓风的燃烧器先开风门，再开燃气阀门，并且由小逐步缓缓加大，防止流量过大吹灭点火棒，若点火棒被吹灭，应立即关闭燃气阀，并对炉膛进行吹扫，待将燃气吹净后再进行第二次点火。

（3）燃烧过程中应随时注意调节燃气与空气的比例。发现回火、脱火等不正常现象应及时停气并设法消除故障。

（4）停火时，应先关闭燃气阀门。长时间停气还应关闭燃气总阀门，并打开放散阀放散。

（5）操作人员要严守工作岗位，严格执行安全操作规程，严格遵守劳动纪律，禁止使用点火器烧水、做饭，严禁在装有燃气管道及设备的地方睡觉。室内无人时，严禁用气，做到"人走、火灭、阀关严"，操作间内严禁使用其他火源。

4.2.4　燃气工商业设备的巡检及维护

（1）定期对燃气管道、设施等进行检查。

①埋地管线：检查附近是否有异味、周围植物是否枯萎、水面是否冒泡等异常现象或是否有燃气泄漏发出的声响，以确定是否漏气，是否有占压现象。

②架空管线：检查是否有悬挂物，有电线电缆、接地装置等的搭接等，对管道的各个接口处、阀门处经常进行检漏。

③调压装置、阀门等：检查阀门是否灵敏有效，用气压力是否稳定、正常，计量表、用气设施是否正常运行，燃气是否有泄漏等。

（2）定期或不定期对燃气管道等进行维护保养。

①春秋季节定期对燃气管道等进行放空、除锈刷漆等。

②对于燃气管道巡检中发现的问题，及时发现，及时解决。

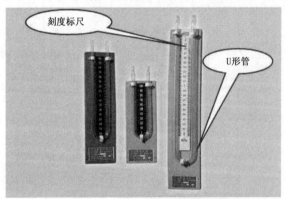

第5章 燃气灶具的常见故障及检修

5.1 常用的检修工具及使用

5.1.1 U形管压力计

5.1.1.1 U形管压力计的结构及原理

U形管压力计的测压是基于液体静力学原理,利用已知密度的液柱高度对底面产生的静压力来平衡被测压力,根据液柱高度来确定被测压力的大小。U形管压力计内截面积相同的玻璃管被固定在底板上,在U形管中间设一个刻度标尺,零点在标尺中央。U形玻璃管内充入水银或水等工作液,液体到零点处。U形管压力计的结构如图5-1所示。

刻度标尺

U形管

图 5-1 U形管压力计的结构

U形管压力计的工作原理如图5-2所示。当$P_1 = P_2$时,两管中自由液面均处于标尺中央零刻度;当$P_1 > P_2$时,左边管中液面下降,右边管中液面上升;当$P_1 < P_2$时,右边管中液面下降,左边管中液面上升,直到液面的高度差H产生的压力与被测压差平衡为止。根据流体静力学原理,如果将两管分别通大气压P_0和被测压力P_a,则测得压力为表压力。

5.1.1.2 作用

1.判断正负压

如果将两管分别通大气压P_0和被测压力P_a,当被测点压力侧液位高于通大气侧压力时,被测点处于负压状态,压力低于大气压;反之,当被测点压力侧液位低于通大气侧压力

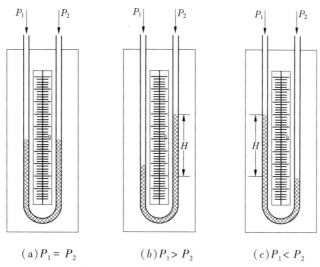

$$(a) P_1 = P_2 \qquad (b) P_1 > P_2 \qquad (c) P_1 < P_2$$

图 5-2　U 形管压力计的工作原理

时,被测点处于正压状态,压力高于大气压。

2.压力值的测量

如果将两管分别通大气压 P_0 和被测压力 P_a,根据两管的液位差就能读出被测点的表压力(相对压力)。单位为 mmH_2O, $1\ mmH_2O = 10\ Pa$。

5.1.2　试电笔

5.1.2.1　试电笔的工作原理

试电笔是检验电路通电是否良好的工具。试电笔的工作原理是电流流过试电笔中的稀有气体,就会发出有颜色的光。测电时,要用手摸试电笔尾部,因为这样才能形成电路,电流从试电笔一端流入,经过稀有气体,到达尾部,然后电流经过人体流到地下。如果不摸,那么电流就没法从试电笔直接流到地下了。当然,这个电流是很小的,不会对人体造成伤害,稀有气体电阻是很人的。此外,试电笔是用来检查测量低压导体和电气设备外壳是否带电的一种常用工具。试电笔常做成钢笔式结构或小型螺丝刀结构。它的前端是金属探头,后部塑料外壳内装有氖泡、安全电阻和弹簧,笔尾端有金属端盖或钢笔形金属挂鼻,作为使用时手必须触及的金属部分。试电笔结构如图 5-3 所示。

金属探头　　　　　氖泡　　　　　　金属端盖

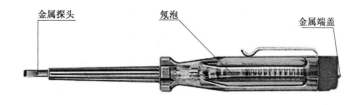

图 5-3　试电笔结构

5.1.2.2　试电笔的分类和使用

试电笔分钢笔式和螺丝刀式两种。

使用时,注意手指必须接触金属笔挂(钢笔式)或试电笔顶部的金属螺钉(螺丝刀式),使电流由被测带电体经试电笔和人体与大地构成回路。只要被测带电体与大地之间电压超过60 V时,氖管就会起辉发光。

试电笔在每次使用前,应先在确认有电的带电体上试验,检查其是否能正常验电,以免因氖管损坏,在检验中造成误判,危及人身或设备安全。凡是性能不可靠的,一律不准使用。要注意防止试电笔受潮或强烈震动,平时不得随便拆卸。螺丝刀式试电笔裸露部分较长,可在金属杆上加绝缘套管,以便使用设备。

5.1.2.3　使用试电笔的注意事项

(1)使用试电笔之前,首先要检查试电笔里有无安全电阻,再直观检查试电笔是否有损坏,有无受潮或进水,检查合格后才能使用。

(2)使用试电笔时,不能用手触及试电笔前端的金属探头,这样做会造成人身触电事故。

(3)使用试电笔时,一定要用手触及试电笔尾端的金属部分;否则,因带电体、试电笔、人体与大地没有形成回路,试电笔中的氖泡不会发光,造成误判,认为带电体不带电,这是十分危险的。

(4)在测量电气设备是否带电之前,先要找一个已知电源测一测试电笔的氖泡能否正常发光,能正常发光,才能使用。

(5)在明亮的光线下测试带电体时,应特别注意氖泡是否真的发光(或不发光),必要时可用另一只手遮挡光线仔细判别。千万不要误判,将氖泡发光判断为不发光,而将有电判断为无电。

5.1.3　万用表

5.1.3.1　万用表的作用

万用表又称多用表,用来测量直流电流、直流电压和交流电流、交流电压、电阻等,有的万用表还可以用来测量电容、电感以及晶体二极管、三极管的某些参数。数字式万用表主要由显示部分、测量电路、转换装置三部分组成,常用的万用表外形如图5-4所示,下面以该型号为例进行介绍。

5.1.3.2　操作中的注意事项

(1)进行测量前,先检查红、黑表笔连接的位置是否正确。红表笔接到红色接线柱或标有"+"号的插孔内,黑表笔接到黑色接线柱或标有"-"号的插孔内,最好不要接反,否则在测量直流电量时会在读数前面显示一个负号。

(2)在表笔连接被测电路之前,一定要查看所选挡位与测量对象是否相符;否则,误用挡位和量程,不仅得不到测量结果,而且还会损坏万用表。在此提醒初学者,万用表损坏往往就是上述原因造成的。

(3)测量时,须用右手握住两支表笔,手指不要触及表笔的金属部分和被测元器件。

(4)测量中若需转换量程,必须在表笔离开电路后才能进行;否则,选择开关转动产

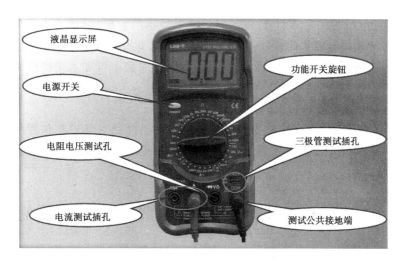

液晶显示屏

功能开关旋钮

电源开关

电阻电压测试孔

三极管测试插孔

电流测试插孔

测试公共接地端

图 5-4　数字式万用表外形

生的电弧易烧坏选择开关的触点,造成接触不良的事故。

(5)在实际测量中,经常要测量多种电量,每一次测量前要注意根据每次测量任务把选择开关转换到相应的挡位和量程,这是初学者最容易忽略的环节。

5.1.3.3　使用方法

1.测量直流电压

红表笔插入 VΩ 孔,黑表笔插入 COM 孔,量程旋钮打到 V-适当位置,把旋钮选到比估计值大的量程挡,接着把表笔接到电源或电池两端,保持接触稳定。数值可以直接从显示屏上读取;若显示为"1.",则表明量程太小,那么就要加大量程后再测量;若在数值左边出现"-",则表明表笔极性与实际电源极性相反,此时红表笔接的是负极。

2.测量交流电压

红表笔插入 VΩ 孔,黑表笔插入 COM 孔,量程旋钮打到"V～"适当位置,把旋钮选到比估计值大的量程挡,接着把表笔接到电源的两端,保持接触稳定。数值可以直接从显示屏上读取。交流电压无正负之分,测量方法与直流电压相同。

3.测量直流电流

断开电路,黑表笔插入 COM 端口,红表笔插入 mA 或者 20 A 端口(测量大于 200 mA 的电流,则要将红表笔插入"10 A"插孔并将旋钮打到直流"10 A"挡;若测量小于 200 mA 的电流,则将红表笔插入"200 mA"孔),功能开关旋钮打至"A-",并选择合适的量程,将数字万用表串联进电路中,保持稳定,即可读数。若显示为"1.",那么就要加大量程;如果在数值左边出现"-",则表明电流从黑表笔流进万用表。

4.测量交流电流

断开电路,黑表笔插入 COM 端口,红表笔插入 mA 或者 20 A 端口,功能开关旋钮打至"A～",并选择合适的量程,将数字万用表串联入被测线路中,保持稳定,即可读数。测量方法与直流电流相同。

5.测量电阻

红表笔插入 VΩ 孔,黑表笔插入 COM 孔,量程旋钮打到"Ω"量程挡适当位置,分别用红、黑表笔接到电阻两端金属部分,读出显示屏上显示的数据,量程选小了显示屏上会显示"1.",此时应换用较之大的量程;反之,量程选大了的话,显示屏上会显示一个接近于"0"的数,此时应换用较之小的量程。显示屏上显示的数字再加上边挡位选择的单位就是它的读数。

6. 判断线路通断

红表笔插入 VΩ 孔,黑表笔插入 COM 孔,量程旋钮打到"蜂鸣"挡位置,分别用红、黑表笔接到被判断线路的两端金属部分,若听到蜂鸣器发出声响,表明该线路接通;否则,表明该线路断线。

5.2 普通台式燃气灶具的常见故障及检修

5.2.1 普通台式燃气灶具的结构组成

台式燃气灶具是燃气灶具比较早期的产品,其结构简单,检修方便,价格便宜,所以一直到现在都有不少用户在使用。它的外形如图 5-5 所示,结构如图 5-6 所示。

图 5-5 普通台式燃气灶具外观

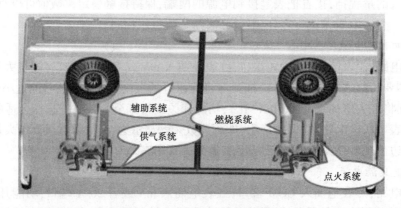

图 5-6 普通台式燃气灶具结构

台式燃气灶具根据其结构特点,可分成供气系统、点火系统、燃烧系统及辅助系统四个系统。

5.2.2　供气系统的故障检修

5.2.2.1　供气系统的结构

供气系统是指从软管接口到设备的喷嘴部分。它由软管接口、分配管、阀门总成、喷嘴等部件所组成。其作用是输送燃气,并将燃气的压力能转化为动能。其结构如图 5-7 所示。

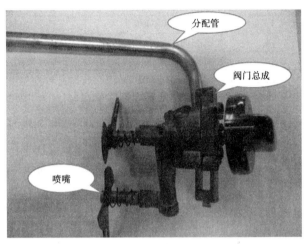

图 5-7　普通台式燃气灶具供气系统结构

5.2.2.2　供气系统的常见故障检修

当普通台式燃气灶具供气系统出现故障时,通常表现为有火花点不着火或火焰比正常燃烧时小,这应该是设备的供气系统受堵了,检查时应重点检查供气系统。除此以外,就是火花的强度,有时候虽然能看到火花,但火花的强度不够,同样点不着火。常见的故障原因及解决方案如下。

1.有火花点不着火

有火化点不着火故障原因及解决方案见表 5-1。

表 5-1　有火花点不着火故障原因及解决方案

故障现象描述		故障原因	解决方案
故障类别	故障现象详解		
点不着火	有火花点不着火	燃气阀门没打开	打开表前阀或灶前阀
		胶管受挤压或堵塞	理顺胶管或拿开胶管上的重物
		气阀、喷嘴或供气管被脏物堵塞	清理阀芯、喷嘴和供气管中的堵塞物
		点火喷嘴被堵塞	用细针对点火喷嘴捅堵
		点火喷嘴没对准点火针	调整点火喷嘴的导流口使其对准点火针
		点火喷嘴气流没对准炉面	调整点火喷嘴的导流口使其对准炉面
		点火针与金属的距离太近	调整点火针与金属的距离,使其为 2~5 mm

2.火焰比正常燃烧时小

火焰比正常燃烧时小故障原因及解决方案见表 5-2。

表 5-2　火焰比正常燃烧时小故障原因及解决方案

故障现象描述		故障原因	解决方案
故障类别	故障现象详解		
火焰比正常 燃烧时小	火力不足	喷嘴被堵塞,影响供气	拆下喷嘴,用细针捅堵
		胶管受挤压,影响供气	取下胶管上的重物
		燃气的质量不好	控制燃气的组分
		气源的输出压力低	检查调压器,保证气源的输出压力
		喷嘴安装错误	喷嘴应根据内外圈火焰对应装好

5.2.3　点火系统的故障检修

5.2.3.1　点火系统的结构

对于点火系统,台式燃气灶具多采用电子打火的方式,它由压电陶瓷、高压导线、点火针等部件所组成。其作用是通过击锤撞击压电陶瓷,使其产生高压电火花点燃燃气。工作原理图如图 5-8 所示。

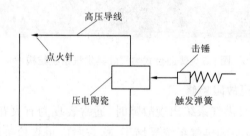

图 5-8　压电陶瓷点火器结构原理图

这种点火方式的特点:结构简单、成本低、点火成功率不高、不用外接电池。

5.2.3.2　点火系统的常见故障检修

当点火系统出现故障时,通常表现为没有火花点不着火,这应该是设备的点火系统出现故障,检查时应重点检查点火系统。点火系统故障原因及解决方案如表 5-3 所示。

表 5-3　点火系统故障原因及解决方案

故障现象描述		故障原因	解决方案
故障类别	故障现象详解		
点不着火	没有火花 点不着火	压电陶瓷失效	更换压电陶瓷
		压电陶瓷的触发弹簧失效, 冲击力不够	更换压电陶瓷的触发弹簧
		高压导线脱落	接上高压导线
		点火针受潮	用干布抹干点火针
		点火针积碳	用砂纸清理点火针
		点火针的位置距离金属太远	调整点火针与金属的距离, 使其为 2~5 mm

5.2.4　燃烧系统的故障检修

5.2.4.1　燃烧系统的结构

　　燃烧系统是指从喷嘴到火孔的部分。它由引射器和头部两部分组成。其中,引射器又包括喷嘴、吸气收缩管、一次空气吸入口、混合管、扩压管五部分。其结构如图5-9所示。

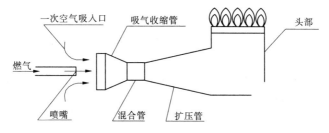

图 5-9　燃烧系统结构

　　1.引射器

　　(1)喷嘴:输送所需燃气,并将燃气的压力能变成动能,依靠引射作用引射一定量的空气(卷吸)。

　　(2)吸气收缩管:减少空气进入时的阻力损失。

　　(3)一次空气吸入口:保证足够的一次空气通过。

　　(4)混合管:使燃气和空气进行充分混合。

　　(5)扩压管:使燃气和空气混合物的部分动能变成压力能,提高混合物压力。

　　2.头部

　　将燃气和空气混合物均匀地分配到各火孔上,使其进行稳定的燃烧。

5.2.4.2　燃烧系统的常见故障检修

　　当燃烧系统出现故障时,通常表现为回火、离焰或脱火、黄焰等现象,此时应该是设备的燃烧系统出现故障,检查时应重点检查燃烧系统。

　　1.回火

　　当出现回火时,应该是燃气燃烧速度比燃气和空气混合物在火孔的喷出速度快,检查时应注意分析是燃气燃烧速度变快引起的,还是燃气和空气混合物在火孔的喷出速度变慢引起的。回火故障原因及解决方案见表5-4。

表 5-4　回火故障原因及解决方案

故障现象描述		故障原因	解决方案
故障类别	故障现象详解		
回火	火焰在炉头或混合管内部燃烧,并发出"呼""呼"的声音	燃气的组分发生变化	控制燃气的组分
		燃气的压力过低	调整燃气的供气压力
		喷嘴或气阀被堵塞	用细针对喷嘴捅堵或清理气阀
		火孔的直径变大(包括火盖没放好或变形)	更换火盖
		头部温度过高	停炉冷却再使用
		喷嘴与引射器没对准(不同轴)	使喷嘴与引射器同轴

2.离焰或脱火

当出现离焰或脱火时,应该是燃气燃烧速度比燃气和空气混合物在火孔的喷出速度慢,检查时应注意分析是燃气燃烧速度变慢引起的,还是燃气和空气混合物在火孔的喷出速度变快引起的。离焰或脱火故障原因及解决方案见表5-5。

表5-5　离焰或脱火故障原因及解决方案

故障现象描述		故障原因	解决方案
故障类别	故障现象详解		
离焰或脱火	火焰离开火孔的现象	燃气的组分发生变化	控制燃气的组分
		燃气的压力过高	调整燃气的供气压力
		一次空气系数过大	调小风门
		火孔直径变小	清洗火盖
		排气筒抽力过大	把抽风机的安装位置升高
		烟气排除不良	降低抽风机的安装位置

3.黄焰

当出现黄焰时,应该是燃气在燃烧的过程中缺氧引起的,氧气的供给有两处,一处是燃烧前预先和燃气混合的一次空气,另一处是燃烧的过程中获得的二次空气,检查时应注意是一次空气减少还是二次空气减少引起的。黄焰故障原因及解决方案见表5-6。

表5-6　黄焰故障原因及解决方案

故障现象描述		故障原因	解决方案
故障类别	故障现象详解		
黄焰	火焰燃烧不完全,火焰较软,锅底烧黑	燃气的质量不好(高碳的成分较多)	控制燃气的组分
		一次空气量不足	调大风门
		二次空气量不足	接水盆应对应放好
		喷嘴直径变大	更换喷嘴
		引射器内壁有脏堵	清除引射器中的杂质
		火孔有杂质	清洗火盖
		空气有污染	打开抽风机换气
		瓶装气使用后期没有重新调整风门	瓶装气使用后期应开大风门

5.2.5　爆燃的故障检修

当出现爆燃时,应该是燃气比点火火花先到达炉头,当火花到达时会把漏出的燃气一起点燃引起的,检查时应该抓住燃气先到的原因,还有点火火花后到的原因。爆燃故障原因及解决方案见表5-7。

表 5-7 爆燃故障原因及解决方案

故障现象描述		故障原因	解决方案
故障类别	故障现象详解		
爆燃	点火时伴随有爆鸣的响声	燃气的组分发生变化	控制燃气的组分
		点火信号不可靠	更换压电陶瓷或清理点火针
		设计上的欠缺	更换点火喷嘴

5.2.6 漏气的故障检修

当出现漏气时,应该是供气系统的密封功能失效引起的,检查时应该抓住供气系统的薄弱环节进行检查。漏气故障原因及解决方案见表 5-8。

表 5-8 漏气故障原因及解决方案

故障现象描述		故障原因	解决方案
故障类别	故障现象详解		
漏气	能闻到燃气的味道	供气软管老化	更换供气软管
		密封橡胶圈老化	更换密封橡胶圈
		阀芯处的密封脂干固	把干固的密封脂清理干净,再涂上新的密封脂
		供气软管与灶具或灶前阀连接不好	供气软管与灶具或灶前阀连接处应加专用管卡
		点火喷嘴阀针自封失灵	更换阀芯

5.3 嵌入式燃气灶具的常见故障及检修

5.3.1 嵌入式燃气灶具的结构组成

嵌入式燃气灶具是燃气灶具的新型产品,由于其美观、安全,所以是现在燃气灶具的主流产品。大部分用户都在使用。它的外形如图 5-10 所示,结构如图 5-11 所示。

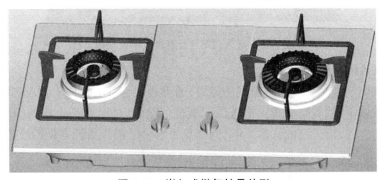

图 5-10 嵌入式燃气灶具外形

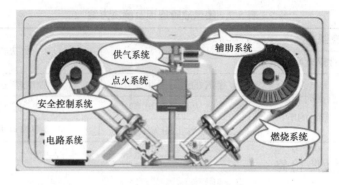

图 5-11　嵌入式燃气灶具结构

　　嵌入式燃气灶具根据其结构特点,可分成供气系统、点火系统、燃烧系统、电路系统、安全控制系统及辅助系统六个系统。与台式燃气灶具相比,增加了电路系统和安全控制系统,点火系统的原理也不同。

5.3.2　供气系统的故障检修

5.3.2.1　供气系统的机构

　　与普通台式燃气灶具的供气系统相比,嵌入式燃气灶具的供气系统是在普通台式燃气灶具的供气系统上增加了一个电磁阀,其他部件完全一样。嵌入式燃气灶具供气系统结构如图 5-12 所示。

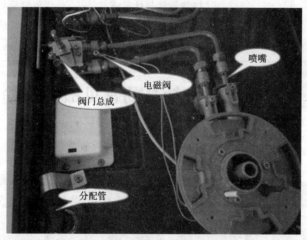

图 5-12　嵌入式燃气灶具供气系统结构

5.3.2.2　供气系统的常见故障检修

　　当嵌入式燃气灶具供气系统出现故障时,通常表现为有火花点不着火,这应该是设备的供气系统受堵了,检查时应重点检查供气系统。除此以外,就是火花的强度不够,有时候虽然能看到火花,但火花的强度不够,同样点不着火。供气系统常见的故障原因及解决方案如表 5-9 所示。

表 5-9 供气系统常见的故障原因及解决方案

故障现象描述		故障原因	解决方案
故障类别	故障现象详解		
点不着火	有火花点不着火	燃气阀门没打开	打开表前阀或灶前阀
		胶管受挤压或堵塞	理顺胶管或拿开胶管上的重物
		气阀、喷嘴或供气管被脏物堵塞	清理阀芯、喷嘴和供气管
		点火针所对应的火孔被堵塞	清理点火针所对应的火孔
		电池电力不够	更换新的电池
		点火针距离金属太近，能量不够	调整点火针与金属的距离，一般为 2~5 mm

5.3.3 点火系统的故障检修

5.3.3.1 点火系统的结构

对于点火系统，嵌入式燃气灶具多采用高压脉冲打火的方式，它由电池、微动开关、振荡器、高压线圈、点火针等部件组成。其作用是利用两个干电池，通过特定电路进行整流变压，提高电压后产生电火花。

电子点火系统工作原理如图 5-13 所示。

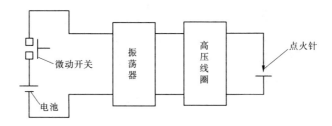

图 5-13 电子点火系统工作原理图

5.3.3.2 点火系统的常见故障检修

当点火系统出现故障时，通常表现为没有火花点不着火，这应该是设备的点火系统出现故障，检查时应重点检查点火系统。点火系统常见的故障原因及解决方案见表 5-10。

表 5-10 点火系统常见的故障原因及解决方案

故障现象描述		故障原因	解决方案
故障类别	故障现象详解		
点不着火	没有火花点不着火	电池没电	更换电池
		微动开关失效	更换微动开关
		点火器失效	更换点火器
		高压导线脱落	接上高压导线

续表 5-10

故障现象描述		故障原因	解决方案
故障类别	故障现象详解		
点不着火	没有火花点不着火	点火针受潮	用干布抹干点火针
		点火针积碳	用砂纸清理点火针
		点火针的位置距离金属太远	调整点火针与金属的距离，使其为 2~5 mm

5.3.4 热电偶熄火保护装置的故障检修

5.3.4.1 热电偶熄火保护装置的工作原理

热电偶熄火保护装置的工作原理是火焰将热电偶的感应头温度升高,热电偶感应电流达到 100 mA 左右,自吸阀开阀;熄火时热电偶感应头温度降低,感应电流减小(20 mA),自吸阀闭阀。这种熄火保护装置的特点是闭阀时间为 15~25 s,可以按要求设置;维修方便、故障率低、受环境影响小。但它也存在一定的不足,如开阀时间需 3~5 s(转轴需要一定的按压时间)。其工作原理如图 5-14 所示。

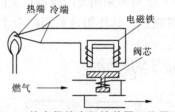

图 5-14　热电偶熄火保护装置工作原理

5.3.4.2 热电偶熄火保护装置的电路系统

带热电偶熄火保护装置燃气灶的电路系统如图 5-15 所示。

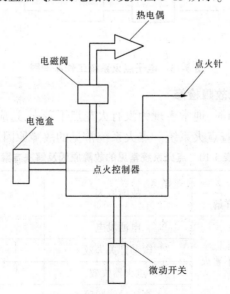

图 5-15　带热电偶熄火保护装置燃气灶的电路系统

5.3.4.3　热电偶熄火保护装置的故障检修

当出现能正常点火,但火焰不能维持现象时,应该是设备的熄火保护装置出现故障,检查时应重点检查熄火保护装置。带热电偶熄火保护装置的嵌入式燃气灶具常见的故障原因及解决方案见表 5-11。

表 5-11　带热电偶熄火保护装置的嵌入式燃气灶具常见的故障原因及解决方案

故障现象描述		故障原因	解决方案
故障类别	故障现象详解		
火焰不能维持	能正常点火, 但火焰不能维持	热电偶积碳	用砂纸擦亮热电偶
		热电偶失效	更换热电偶
		热电偶所对应的火孔被堵塞	用细针清理热电偶所对应的火孔
		火焰不能烧到热电偶	调整热电偶的位置
		电磁阀失效	更换电磁阀

5.3.5　离子感应针熄火保护装置的故障检修

5.3.5.1　离子感应针熄火保护装置的结构

离子感应针熄火保护装置的工作原理是火焰高温产生离子流,在火盖、点火针之间形成一个电流信号,电磁阀开阀,当感应针没有火焰烧着时,电信号中断,电磁阀闭阀。这种熄火保护装置的特点是迅时开阀(0 s 启动),7～8 s 闭阀。但它也存在一些不足,如维修困难、故障率高、受环境影响大。其工作原理如图 5-16 所示。

图 5-16　离子感应针熄火保护装置的工作原理

5.3.5.2　离子感应针熄火保护装置的电路系统

带离子感应针熄火保护装置燃气灶的电路系统如图 5-17 所示。

5.3.5.3　离子感应针熄火保护装置的故障检修

当出现能正常点火,但火焰不能维持现象时,应该是设备的熄火保护装置出现故障,检查时应重点检查熄火保护装置。带离子感应针熄火保护装置的嵌入式燃气灶具常见的故障原因及解决方案见表 5-12。

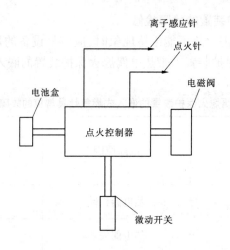

图 5-17　带离子感应针熄火保护装置燃气灶的电路系统

表 5-12　带离子感应针熄火保护装置的嵌入式燃气灶具常见的故障原因及解决方案

故障现象描述		故障原因	解决方案
故障类别	故障现象详解		
火焰不能维持	能正常点火，但火焰不能维持	离子感应针对应火孔被堵塞	清理离子感应针对应的火孔
		电磁阀失效	更换电磁阀
		点火器失效	更换点火器

　　此外，燃烧系统的故障检修、爆燃的故障检修、漏气的故障检修与普通台式燃气灶具完全一样，在此不再论述。

第6章 燃气热水器的常见故障及检修

6.1 水气联动式燃气热水器的常见故障及检修

6.1.1 水气联动式燃气热水器的结构组成

水气联动式燃气热水器是用户使用较为普遍的燃气热水器,以强排式燃气热水器为主,是目前市场中的主流产品。下面以强排式燃气热水器为例进行介绍。

强排式燃气热水器的典型特征是:①有风机;②有烟管,烟管较细(相对烟道);③需要交流电。水气联动式燃气热水器结构如图6-1所示。

6.1 强排式燃气热水器的结构原理

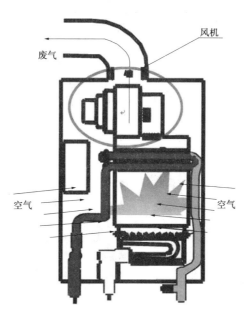

图6-1 水气联动式燃气热水器结构

强排式燃气热水器的燃烧废气通过烟管强行排到室外,所需空气仍从室内强制吸取。这种燃气热水器的安全性能很高,其中有1台鼓风机强行将废气通过烟管吹到室外,因有鼓风机作用,所以排放力度很大,基本不会出现废气泄漏、倒灌等事故。但其燃烧所需空气仍是从室内吸取的,长时间使用会降低空气浓度,造成缺氧,会对人身造成安全隐患。因此,这种热水器不能安装在浴室内,只能安装在室内其他通风良好的地方(厨房最佳),且一定要装烟管(此点一定要提醒消费者)。另外,这种热水器属于强制吸气方式,空气在鼓风机带动下快速进入燃烧室,因此燃烧就会很强劲、充分,效率更高,会更节省燃气。

强排式燃气热水器根据其结构特点,可分成七个系统,即气路系统、水路系统、电路系统、点火系统、燃烧系统、安全控制系统及辅助系统。

强排式燃气热水器的核心部件是水气联动阀,水气联动阀的总成部分由水阀体、气阀体、传动底板等组成,是整台热水器的核心。利用水压来控制燃气的供给、切断即控制燃烧器燃烧、熄火,把水和气隔开。当热水器有水流过时,利用水的压力差,使联动小轴向左移,打开气门,同时微动开关闭合,接通脉冲点火器电源,打火,打开电磁阀燃烧。水气联动阀工作原理如图6-2所示,实物如图6-3所示。

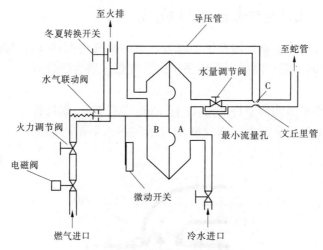

图 6-2　水气联动阀工作原理

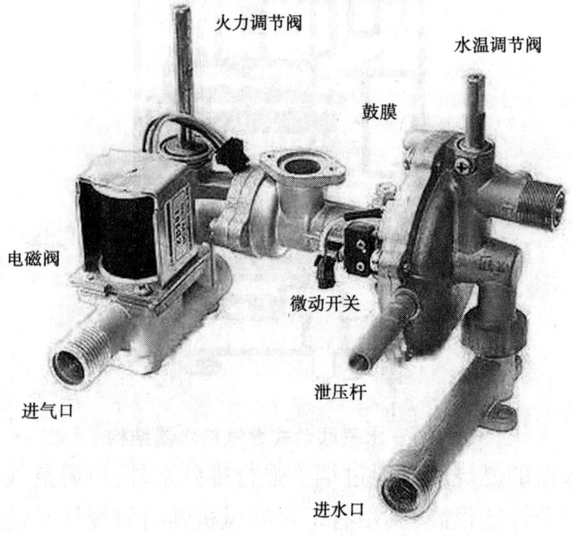

图 6-3　水气联动阀实物

6.1.2　气路系统的故障检修

6.1.2.1　气路系统的结构

水气联动式燃气热水器气路系统主要由电磁阀、火力调节阀、水气联动阀、冬夏转换开关及连接管路组成。其气路系统结构如图6-4所示。

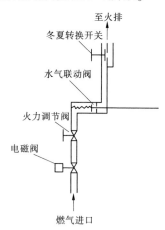

图6-4　水气联动式燃气热水器气路系统结构

各部件的作用及控制特点如下：

(1)电磁阀。

作用：通过电路的通断来控制气路的通断。

特点：可实现通断控制，不能调节气量的大小。

(2)火力调节阀。

作用：通过改变流通面积来控制气量的大小。

特点：能调节气量的大小，但不能切断气路。

(3)水气联动阀。

作用：通过水的压差来控制气路的通断。

特点：可实现通断控制，不能调节气量的大小。

(4)冬夏转换开关。

作用：通过调整阀芯的位置来控制工作火排的数目。

特点：只有两种工作状态。

6.1.2.2　气路系统的常见故障检修

当强排式燃气热水器的气路系统出现故障时，通常表现为打开水阀后，既能听到风机转动，又有点火声音，但热水器不着火，这应该是设备的供气系统受堵了，检查时应重点检查供气系统。气路系统常见的故障原因及解决方案见表6-1。

表 6-1 气路系统常见的故障原因及解决方案

故障现象描述		故障原因	解决方案
故障类别	故障现象详解		
听到点火声音，但不着火	从观火孔中看不到火焰	燃气阀门（表前阀或灶前阀）没打开	打开燃气阀门（表前阀或灶前阀）
		点火针对应火孔被堵塞	清理点火针所对应的火孔
		电磁阀损坏	更换电磁阀
		火力调节阀中的最小流量孔被堵塞	清理火力调节阀中的最小流量孔
		控制器损坏	更换控制器

6.1.3 水路系统的故障检修

6.1.3.1 水路系统的结构

水气联动式燃气热水器水路系统主要由外接球阀、滤网、定流量装置、水量调节阀、文丘里管、蛇管、导压管、最小流量孔及连接管路所组成。其水路系统结构如图 6-5 所示。

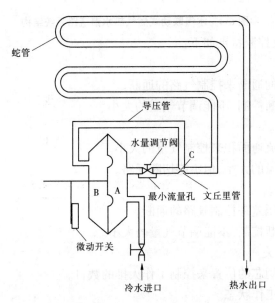

图 6-5 水气联动式燃气热水器水路系统结构

各部件的作用及控制特点如下：

（1）外接球阀。

作用：控制水路的通断。

特点：可实现水路通断控制，不能调节水量的大小。

（2）滤网。

作用：过滤水中的杂质，防止水路堵塞。

特点:增加水路的阻力。

(3)定流量装置。

作用:在外界水压变化下,保证通过热水器的水量不变。

特点:只能在一定水压范围内控制。

(4)水量调节阀。

作用:调节水量的大小。

特点:可调节水量的大小,但不能切断水路。

(5)文丘里管。

作用:使水流在该处增速减压。

特点:增加水路的阻力。

(6)蛇管。

作用:使水在热水器中被充分加热。

特点:水流的阻力较大。

(7)导压管。

作用:把文丘里管处的低压引到另一个腔。

特点:在热水器工作后,导压管中的水是静止的。

(8)最小流量孔。

作用:保证调水阀关闭时,有最小流量的水通过热水器。

特点:不受调水阀的控制。

6.1.3.2　水路系统的常见故障检修

当强排式燃气热水器的水路系统出现故障时,通常表现为打开水阀后,风机不转,热水器没有任何反应,打开面板观察微动开关,微动开关没有被推开,这应该是设备的水路系统受堵了,检查时应重点检查水路系统。水路系统常见的故障原因及解决方案如表 6-2 所示。

表 6-2　水路系统常见的故障原因及解决方案

故障现象描述		故障原因	解决方案
故障类别	故障现象详解		
听不到风机转动声音	打开水阀,微动开关没有被推开	水压不足	待水压足够再用或加装增压泵
		水路受堵	疏通水路
		连杆被卡死	拆开水气联动阀,推松连杆,并加润滑油
		皮膜穿孔	更换皮膜

6.1.4　电路系统的故障检修

6.1.4.1　电路系统的结构

水气联动式燃气热水器电路系统主要由电源插头、保险丝、风机、风压开关、风机电容、变压器、点火控制器、电磁阀、微动开关、温控器、点火针、离子感应针及连接线路组成。

其电路系统结构如图 6-6 所示。

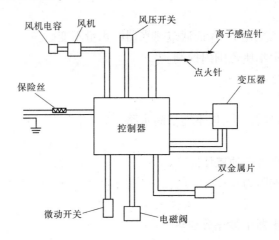

图 6-6　水气联动式燃气热水器电路系统结构

各部件的作用及控制特点如下：

（1）电源插头。

作用：插入 220 V 的交流电插座。

特点：必须是三脚插头。

（2）保险丝。

作用：防止电流过大，损坏热水器的电路系统的元件。

特点：接在热水器的火线上。

（3）风机。

作用：排除燃烧产生的烟气，让空气被吸入热水器。

特点：使用 220 V 的交流电驱动。

（4）风压开关。

作用：接受风机进口或出口压力，使连接风压开关的线路通断状态发生变化。

特点：连接风压开关的线路可以由通变断，也可以由断变通。

（5）风机电容。

作用：使风机能用单相交流电启动。

特点：电容器的两个接脚正常是断的，击穿时变成接通。

（6）变压器。

作用：把 220 V 的电压变成 9 V 和 12 V 的电压给控制器。

特点：输出电压有两个。

（7）点火控制器。

作用：接收安全控制信号以及发出动作指令。

特点：电路系统中所有部件都与其连接。

（8）电磁阀。

作用：通过电路的通断来控制气路的通断。

特点:可实现通断控制,不能调节气量的大小。

(9)微动开关。

作用:接通和断开脉冲点火器的工作电源。

特点:通过机械作用,控制电路的通断。

(10)温控器。

作用:当水温超过 95 ℃时,串联在电磁阀线圈中的温控器断开,电磁阀失电释放,切断气路通道。

特点:温控器为一热敏电阻,电阻值随温度升高而增大。

(11)点火针。

作用:产生高压尖端放电。

特点:放电时,电压可达 1.2 万~1.5 万 V。

(12)离子感应针。

作用:熄火保护。

特点:感应针不能与金属接触,正常使用时能被火焰烧到。

6.1.4.2　电路系统的常见故障检修

当强排式燃气热水器的电路系统出现故障时,通常表现为打开水阀后,风机不转,热水器没有任何反应,打开面板观察微动开关,微动开关已经被推开,这应该是设备的电路系统出现故障了,检查时应重点检查电路系统。电路系统常见的故障原因及解决方案如表 6-3 所示。

表 6-3　电路系统常见的故障原因及解决方案

故障现象描述		故障原因	解决方案
故障类别	故障现象详解		
听不到风机转动声音	打开水阀,微动开关被推开	插座没电	打开电源开关
		保险丝熔断	更换保险丝
		风机电容被击穿	更换风机电容
		微动开关损坏	更换微动开关
		点火控制器损坏	更换控制器

6.1.5　点火系统的故障检修

6.1.5.1　点火系统的结构

点火系统与嵌入式燃气灶具的点火系统一样,采用电脉冲点火的方式,主要由点火控制器、点火针、高压导线组成。但两者的点火控制方法不同,嵌入式燃气灶具是通过微动开关直接控制的,当按下旋钮开关,微动开关被接通,点火电路就直接接通并点火;强排式燃气热水器是当风机启动后,在进口处就会产生负压,该负压通过导压管传递到风压开关的左侧,风压开关的右侧是通大气的,这时在压差的作用下,薄膜片向左移动,控制器的线接通,控制器就会指挥点火针点火。各部件的作用及控制特点已在电路系统中论述,在此不再重复论述。点火系统工作原理如图 6-7 所示。

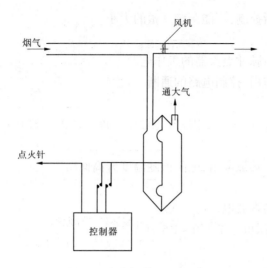

图 6-7　点火系统工作原理

6.1.5.2　点火系统的常见故障检修

当强排式燃气热水器的点火系统出现故障时,通常表现为打开水阀后,能听到风机转动声音,但听不到点火声音,这应该是设备的点火系统出现故障了,检查时应重点检查点火系统,点火系统常见的故障原因及解决方案如表 6-4 所示。

表 6-4　点火系统常见的故障原因及解决方案

故障现象描述		故障原因	解决方案
故障类别	故障现象详解		
听到风机转动声音,但听不到点火声音	风机转动 20 s 后自动停止	烟道受堵	清理烟道
		导压管没接稳、接错、穿孔、堵塞	检查导压管接口、疏通导压管
		风压开关损坏	更换风压开关
		点火控制器损坏	更换控制器
		风压开关到控制器、控制器到点火针的线路有断线	检查风压开关到控制器、控制器到点火针的线路

6.1.6　安全控制系统的故障检修

6.1.6.1　安全控制系统的结构

强排式燃气热水器的安全控制系统主要包括熄火保护装置和过热保护装置两种。

1.熄火保护装置

熄火保护装置作用:当热水器在工作时遇意外中途熄火,能自动切断燃气通路,防止燃气泄漏。

熄火保护装置的工作原理如图 6-8 所示。

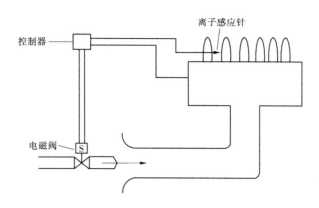

图6-8　熄火保护装置的工作原理

（1）当热水器正常工作时,火焰烧到离子感应针,火焰高温产生离子流,在火盖、点火针之间形成一个电流信号,电磁阀开阀。

（2）当热水器在工作时遇意外中途熄火时,没有火焰烧到离子感应针,电信号中断,电磁阀闭阀。

2.过热保护装置

过热保护装置作用:当热水器出水温度超过65 ℃时,能自动切断燃气通路,防止继续加热。

过热保护装置的工作原理如图6-9所示。

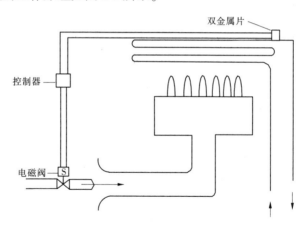

图6-9　过热保护装置的工作原理

（1）当热水器正常工作时,出水温度低于65 ℃,双金属片接通,控制器接收到双金属片反馈的电流信号,会发出指令给电磁阀使其打开。

（2）当热水器出水温度高于65 ℃时,热敏电阻阻值增大,双金属片断开,控制器不能接收到双金属片反馈的电流信号,会发出指令给电磁阀使其关闭。

6.1.6.2　安全控制系统的常见故障检修

当强排式燃气热水器的点火系统出现故障时,通常表现为打开水阀后,能正常点火,但火焰不能维持,这时应该是设备的安全控制系统出现故障了,检查时应重点检查安全控制系统。安全控制系统常见的故障原因及解决方案如表6-5所示。

表6-5　安全控制系统常见的故障原因及解决方案

故障现象描述		故障原因	解决方案
故障类别	故障现象详解		
火焰不能维持	从观火孔中能见到着火，但火焰很快熄灭	双金属片失效	更换双金属片
		离子感应针积碳	用砂纸擦亮离子感应针
		离子感应针与火排接触	调整离子感应针与火排的距离
		离子感应针与火排之间的距离超过 5 mm	调整离子感应针与火排的距离
		表前阀没打开	打开表前阀
		点火控制器不正常	更换点火控制器
		燃气压力过大	检查调压器，调整燃气出口压力

6.1.7　爆燃的故障检修

当出现爆燃时，应该是燃气比点火火花先到达火排，当火花到达时把漏出的燃气一起点燃引起的，检查时应该抓住燃气先到的原因，还有点火火花后到的原因。爆燃常见的故障原因及解决方案见表6-6。

表6-6　爆燃常见的故障原因及解决方案

故障现象描述		故障原因	解决方案
故障类别	故障现象详解		
爆燃	点火时伴随有爆鸣的响声	供气压力过高	调整或更换减压阀
		点火针与火排距离不正确	调整点火针位置
		点火控制器损坏，点火错乱	更换点火控制器
		对应点火针的火孔或喷嘴堵塞	清理点火针对应的火孔或喷嘴
		电磁阀关闭不严	更换电磁阀密封橡胶塞

6.2　数码恒温式燃气热水器的常见故障及检修

6.2.1　数码恒温式燃气热水器的结构组成

数码恒温式燃气热水器采用了不同于水气联动式系列热水器的水、电、气路装置，用水流传感器和燃气比例阀代替了水气联动阀，可实现超低水压启动（0.01 MPa），比普通强排式靠机械传动更可靠。另外，燃气比例阀通过控制盒的智能控制，根据用户设置的温度自动调节燃气气量，实现恒定的出水温度。

6.2　数码恒温燃气热水器的结构原理

数码恒温式燃气热水器根据其结构特点，可分成七个系统，即气路系统、水路系统、电路系统、点火系统、燃烧系统、安全控制系统及辅助系统。其中，气路系统、水路系统、电路系统与水气联动式燃气热水器不同。其整体结构如图 6-10 所示。

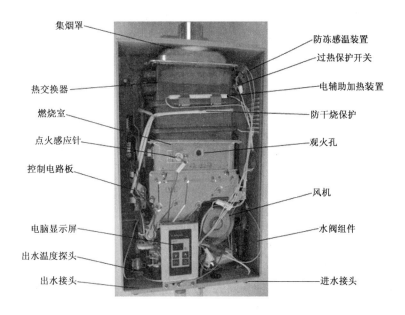

图 6-10　数码恒温式燃气热水器的整体结构

6.2.1.1　气路系统的结构

气路系统由电磁阀和比例阀及切换阀组成。其结构如图 6-11 所示。

图 6-11　数码恒温式燃气热水器气路系统结构

在各组成部件中,比例阀是一个新增的部件,装在进气口电磁阀后,通过控制器的智能调节,自动改变燃气气量大小,实现恒温功能。比例阀的工作原理如图 6-12 所示。

比例阀能通过改变通电线圈的电流量来改变磁场大小,使松紧胶圈处于不同的位置来实现燃气气量大小的调节。

各部件的作用和控制特点不同,分别如下:

(1)电磁阀。

作用:通过电路的通断来控制气路的通断。

特点:可实现通断控制,不能调节气量的大小。

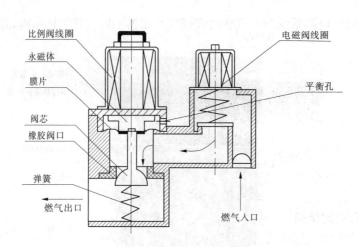

图 6-12　比例阀的工作原理

（2）比例阀。

作用：通过改变通电线圈的电流量来实现燃气气量大小的调节。

特点：可调节气量的大小，不能切断燃气通路。

（3）切换阀。

作用：根据用气量大小，进行分段切换。

特点：可实现通断控制，不能调节气量的大小。

6.2.1.2　水路系统的结构

水路系统主要由进水过滤网、水量调节阀（部分热水器没有）、水流量传感器、进水温度传感器、蛇管、过压安全控制装置组成。其结构如图 6-13 所示。

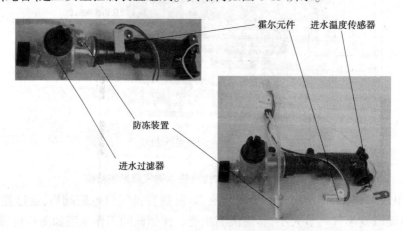

图 6-13　数码恒温式燃气热水器水路系统结构

在各组成部件中，水流量传感器是一个新增的部件，它是利用霍尔效应的工作原理来实现流量信号与电信号的转换。水流量传感器工作原理如图 6-14 所示。

当通过热水器的水量发生变化时，转子的转速发生变化，由于转子是一个永磁体，当转速变化时使霍尔元件所处的磁场发生变化，从而输出电压就会发生变化。这样，就会把通过热水器的流量信号变换为电信号传递给主控板。

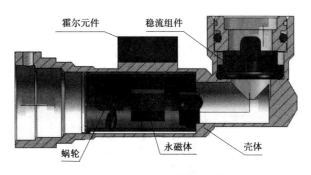

图 6-14　水流量传感器工作原理

6.2.1.3　电路系统的结构

电路系统主要由电源插头、保险丝、风机、风机电容、变压器、主控制线路板、水流量传感器、显示控制屏、点火器、电磁阀、比例阀、温控器、温度探头、点火针、离子感应针、防干烧保护装置及连接线路组成。其结构如图 6-15 所示。

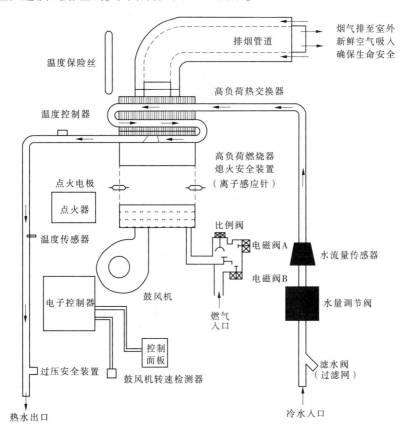

图 6-15　数码恒温式燃气热水器电路系统结构

在各组成部件中,显示控制屏和温度传感器属于新增的部件,其中显示控制屏起到控制整机工作、显示工作状态的功能,通过控制板实现温度调节。温度传感器将感应到的水

温信号传递给主控器或控制器,然后传递给外接的显示器显示出温度数字。

1.显示控制屏

显示控制屏结构及各部分的作用如图 6-16 所示。

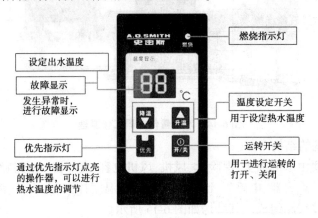

图 6-16　显示控制屏结构及各部分作用

2.温度传感器

温度传感器利用热敏电阻在不同温度下电阻值不同的工作原理,感应到不同的水温,输出不同的电压信号。把温度信号转变为电信号传给主控板。温度传感器结构图如图 6-17 所示。

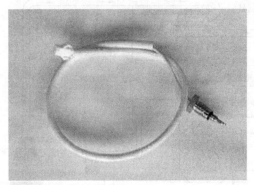

图 6-17　温度传感器结构图

6.2.2　数码恒温式燃气热水器的故障检修

数码恒温式燃气热水器的故障有很多种,不同的故障显示不同的代码,维修人员能根据显示的代码判断故障所在,实施有效的维修。但不同牌子或同牌子不同型号的数码恒温式燃气热水器显示的代码不同,所以维修人员必须根据维修手册所提供的代码来判断故障。常见故障有:①使用过程中,温度时高时低;②风机转动时有"咔咔"的噪声;③显示屏无显示;④显示屏不能正常显示,缺笔画;⑤显示屏开关键、高低温键无法正常使用;⑥出水温度达不到设置要求;⑦水路系统冻裂。在进行维修时,应该根据显示代码,查找维修手册,准确判断故障所在,并实施有效的检修。常见故障原因及解决方案如表 6-7 ~ 表 6-13 所示。

（1）使用过程中，温度时高时低。

表 6-7　使用过程中,温度时高时低故障原因及解决方案

故障现象描述		故障原因	解决方案
故障类别	故障现象详解		
水温不恒定	能启动,但温度时高时低,不恒定	进水温度不稳定	稳定进水温度
		进水压力频繁变化	稳定进水压力
		水流量传感器故障	更换水流量传感器
		温度传感器损坏	更换温度传感器
		进气压力变化	稳定进气压力
		比例阀故障	更换比例阀
		恒温控制系统故障	更换主控制板

（2）风机转动时有"咔咔"的噪声。

表 6-8　风机转动时有"咔咔"的噪声故障原因及解决方案

故障现象描述		故障原因	解决方案
故障类别	故障现象详解		
使用过程中有噪声	噪声是风机转动时发出的"咔咔"声	风轮安装位置不对	检查并重新调整风轮的安装位置
		风轮变形造成轮、壳相摩擦而发出的声音	更换风轮

（3）显示屏无显示。

表 6-9　显示屏无显示故障原因及解决方案

故障现象描述		故障原因	解决方案
故障类别	故障现象详解		
热水器不能启动	显示屏无任何显示,热水器不能启动	连接热水器的插座没电	打开插座的开关
		显示屏损坏	更换显示屏

（4）显示屏不能正常显示,缺笔画。

表 6-10　显示屏不能正常显示,缺笔画故障原因及解决方案

故障现象描述		故障原因	解决方案
故障类别	故障现象详解		
热水器不能启动	显示屏有显示,但显示不正常	各连接线没有准确连接或存在接触不良现象	正确接线和排除接触不良的接口
		显示屏损坏	更换显示屏

（5）显示屏开关键、高低温键无法正常使用。

表 6-11　显示屏开关键、高低温键无法正常使用故障原因及解决方案

故障现象描述		故障原因	解决方案
故障类别	故障现象详解		
热水器不能调节温度	热水器能启动,但不能改变设定温度	轻触开关接触不良	多按动几下
		触点有氧化现象	更换显示屏

（6）出水温度达不到设置要求。

表 6-12　出水温度达不到设置要求故障原因及解决方案

故障现象描述		故障原因	解决方案
故障类别	故障现象详解		
热水器出水温度不正常	热水器能启动，但出水温度与设定温度不一致	水量过大,热负荷超出有效范围	调节水量调节阀,减少水量
		水压过高	调整热水器前水阀门大小
		二次压不正确	重新调整二次压
		比例阀故障	更换比例阀
		主控制板故障	更换主控制板

（7）水路系统冻裂。

表 6-13　水路系统冻裂故障原因及解决方案

故障现象描述		故障原因	解决方案
故障类别	故障现象详解		
水路系统被冻裂	热水器的蛇管出现漏水现象	整机断电,使防冻装置无法正常使用	停机时保持通电
		局部温度过低,而防冻保护温控器位置并没有达到动作温度	防止出现局部温度过低情况
		环境温度过低	保证环境温度不能过低

第7章 燃气采暖热水炉的常见故障及检修

7.1 燃气采暖热水炉的结构组成

7.1.1 燃气采暖热水炉简介

燃气采暖热水炉又称壁挂炉,发源于欧洲,它是一种既可以为住宅采暖提供热源,又可以为住宅用户提供生活热水的燃气设备。它具有强大的家庭中央供暖功能,能满足家庭采暖需求,并且能够提供大流量恒温卫生热水,供家庭沐浴、厨房等场所使用;具有防冻保护、防干烧保护、意外熄火保护、温度过高保护、水泵防卡死保护等多种安全保护措施,受到广大采暖用户的青睐。

燃气采暖热水炉的供暖工作原理是:采暖热水炉加热产生的热水通过循环泵的作用输送到采暖末端(散热片、地暖),通过热辐射或传导的方式给室内进行加热,散热冷却后的水再循环回采暖炉继续加热成热水输出,周而复始,持续为家庭提供供暖。

散热器供暖系统如图 7-1 所示,地暖供暖系统如图 7-2 所示,燃气采暖热水炉运行原理如图 7-3 所示。

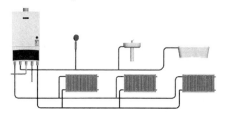

图 7-1　散热器供暖系统

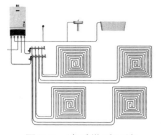

图 7-2　地暖供暖系统

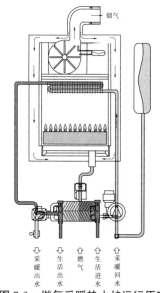

图 7-3　燃气采暖热水炉运行原理

7.1.2 燃气采暖热水炉的结构

目前市场上常规的燃气采暖热水炉有板换式和套管式两种,根据其结构功能划分,可分成八个系统,即燃气系统、水路系统、循环系统、燃烧系统、热交换系统、进排气系统、点火系统和电路控制系统等。板换式燃气采暖热水炉结构如图7-4所示,套管式燃气采暖热水炉结构如图7-5所示。

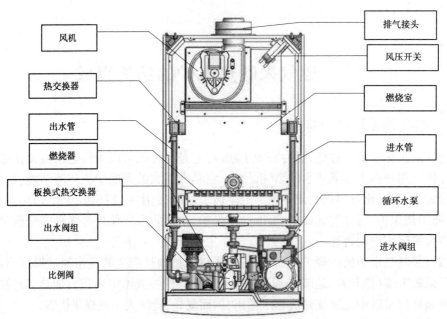

图 7-4　板换式燃气采暖热水炉结构

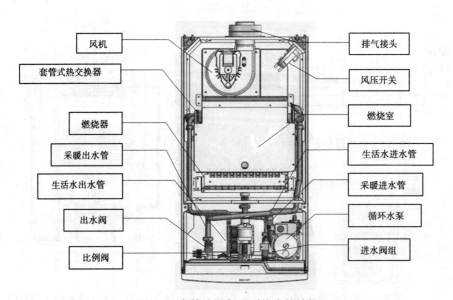

图 7-5　套管式燃气采暖热水炉结构

板换式燃气采暖热水炉结构相比套管式燃气采暖热水炉结构主要多了两个部件：

一是三通阀。它的作用是切换供暖水的流经方向，切换供暖与生活热水使用模式。三通阀及三通阀水路切换示意图如图 7-6、图 7-7 所示。

图 7-6　三通阀

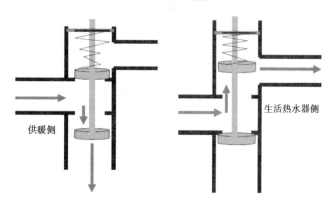

图 7-7　三通阀水路切换示意图

二是板式副热交换器。它的作用是当使用生活热水时，生活热水流经板式副热交换器，在此处与供暖循环热水进行热交换，冷水变热水以供使用。板式副热交换器及板式副热交换器热交换示意图如图 7-8、图 7-9 所示。

图 7-8　板式副热交换器

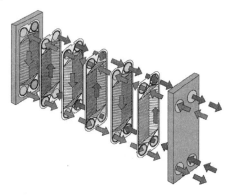

图 7-9　副热交换器热交换示意图

套管式采暖炉的热交换器管路是双层的,外层是采暖水管路,内层是生活热水管路,生活热水管路套在采暖水管路当中,因此形象地称为套管式。套管式热交换器如图 7-10 所示。

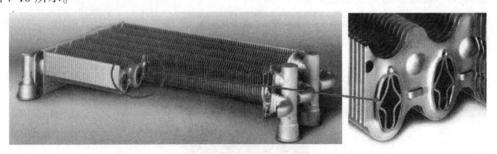

图 7-10 套管式热交换器(内层生活热水管路,外层采暖水管路)

7.2 燃气采暖热水炉及采暖系统的故障检修

7.2.1 燃气采暖热水炉的故障检修

燃气采暖热水炉一般都是数码恒温型,其故障种类与数码恒温型热水器有很多相同之处,不同的故障能显示不同的代码,维修人员可根据制造商给出的维修手册,查询故障代码,准确判断故障所在,实施有效的维修。常见故障原因及解决方案如表 7-1 ~ 表 7-7 所示。

(1)开机显示屏无显示、缺笔画、按键失灵等,此类故障可按数码恒温型热水器的故障维修方法进行排查检修。

表 7-1 常见故障原因及解决方案(一)

故障现象描述		故障原因	解决方案
故障类别	故障现象详解		
采暖炉不能启动	按电源键开机没反应	未插电、插座没电	插上电源,打开插座的开关
		电子基板保险丝熔断	更换保险丝
		电源变压器烧毁	更换变压器
		连接线接触不良	正确接线和排除接触不良的接口
		显示屏损坏	更换显示屏
		主控制板损坏	更换主控制板
显示屏显示不全	闪烁,缺笔画	显示屏损坏	更换显示屏
按键不灵	按键无反应	操作面板损坏,按键触点受潮氧化,接触不良	更换操作显示面板

（2）机器有电，显示正常，开机风机不转。

表7-2　常见故障原因及解决方案（二）

故障现象描述		故障原因	解决方案
故障类别	故障现象详解		
开机风机 不运转	有显示，但风 机不转，不能 启动运行	机器内部管路缺水	补水至规定压力范围
		水压力开关坏	更换压力开关
		循环泵卡死	清理循环泵
		循环泵坏	更换循环泵
		风机叶轮卡住	清理风机杂物
		风机坏	更换风机
		控制系统故障	更换主控制板
	采暖正常，开生活 热水风机不转	水流太小	开大水龙头或增大进水压力
		水流转子卡死	清理水流转子
		水流量传感器坏	更换水流量传感器
		三通阀没运转切换	更换三通阀
		控制系统故障	更换主控制板

（3）机器风机能运转，点不着火。

表7-3　常见故障原因及解决方案（三）

故障现象描述		故障原因	解决方案
故障类别	故障现象详解		
点不着火	风机转，没有点火声	点火器坏	更换点火器
		风压开关坏	更换风压开关
		烟道堵塞	清理烟道
		控制系统故障	更换主控制板
	风机转，有点火 声，但点不着火	燃气没开	打开燃气阀门
		燃气进气压力低	进气压力调至额定压力
		熄火保护装置故障	清理或更换熄火保护装置
		电磁阀故障	更换电磁阀
		喷嘴堵塞	清理喷嘴
		燃烧器火排堵塞	清理火排
		燃气二次压偏低	调高燃气二次压
		烟道堵塞	清理烟道
		控制系统故障	更换主控制板

（4）使用过程中，中途熄火。

表 7-4　常见故障原因及解决方案（四）

故障现象描述		故障原因	解决方案
故障类别	故障现象详解		
中途熄火	运行过程中熄火	燃气用完	购买燃气
		燃气进气压力太低	进气压力调至额定压力
		熄火保护装置故障	清理或更换熄火保护装置
		排气烟道堵塞	清理烟道
		进气烟道堵塞	清理烟道
		过热保护装置启动	检查水流是否过小
		控制系统故障	更换主控制板

（5）运行过程中有异常噪声。

表 7-5　常见故障原因及解决方案（五）

故障现象描述		故障原因	解决方案
故障类别	故障现象详解		
运行有异常噪声	机器燃烧运行过程中有"吱吱""呜呜"等异常噪声	风机有异物卡住	清理异物
		风机叶轮变形	更换风机
		水路中有空气	拧松循环水泵排气阀排气
		燃烧空气不足	检查排烟管是否装好，排烟口、进气口是否伸出墙外、是否堵塞，烟气是否聚集被倒吸回
		燃气压力不足	稳定进气压力

（6）使用过程中，出水温度达不到设置要求，温度时高时低。此类故障很多可按数码恒温型热水器的故障维修方法进行排查检修，但也有一些不同之处。

表 7-6　常见故障原因及解决方案（六）

故障现象描述		故障原因	解决方案
故障类别	故障现象详解		
机器出水温度不正常	出水温度与设定温度不一致	三通阀没运转切换	更换三通阀
		水量过大，热负荷超出有效范围	调节水量调节阀，减少水量
		水压过高	调整水阀门大小
		进水温度过低	调小进水阀门
		燃气进气压力低	将进气压力调至额定压力
		二次压不正确	重新调整二次压
		温度传感器损坏	更换温度传感器
		比例阀故障	更换比例阀
		副热交换器结垢	清洗副热交换器
		套管式热交换结垢	清洗热交换器
		热交换器积碳	清洗热交换器
		主控制板故障	更换主控制板

续表 7-6

故障现象描述		故障原因	解决方案
故障类别	故障现象详解		
水温不恒定	温度时高时低，不恒定	进水温度不稳定	稳定进水温度
		进水压力频繁变化	稳定进水压力
		水流量传感器故障	更换水流量传感器
		温度传感器损坏	更换温度传感器
		进气压力变化	稳定进气压力
		比例阀故障	更换比例阀
		恒温控制系统故障	更换主控制板

（7）室内采暖温度低，达不到要求。

表 7-7　常见故障原因及解决方案（七）

故障现象描述		故障原因	解决方案
故障类别	故障现象详解		
采暖室温达不到	采暖室温升不上来	房屋保温差	增加保温措施，更换双层玻璃窗，减少冷风渗入
		暖气片规格太小	选择正确大小的暖气片
		机器出水温度太低	调高出水温度
		采暖水流量太小	清理采暖过滤网
			检查水路阀门、分集水器阀门流量是否足够，阀门是否被堵塞

7.2.2　采暖系统的故障检修

　　燃气采暖热水炉与燃气热水器最大的差别就在于，采暖热水炉有一个循环水泵，它是采暖热水炉能够提供采暖的重要部件，循环泵提供动力，将热水输出，再将散热后的水抽回再次加热输出，形成循环供暖热水。循环水泵除提供循环动力外，还有一个作用是排气，当采暖管路系统中有空气时，如不及时排出，有可能造成空烧或损坏机器的风险。循环泵长期没使用，或被异物卡住时，有空转的风险，这时需要打开循环泵正面的螺帽，用工具手动转一下循环泵的叶轮转子，让其运转起来。

　　采暖循环水泵如图 7-11 所示。

　　燃气采暖热水炉由于连接了外部供暖系统，安装又较为复杂，很多故障不是机器本身引起的，而是外部供暖系统引起的，在维修时要注意辨别，多从外部系统找故障原因。其中较为典型的是：

　　（1）烟管没有完全伸出墙外，内层排烟管连接处未套牢到位，排烟口处容易聚集烟气，倒吸回机器等。

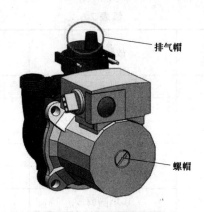

图 7-11　采暖循环水泵

　　(2)供暖系统水流量太小,导致机器容易超温停机。引起系统水流量太小的原因有很多,如阀门偏小,阀门被生料带堵塞,热熔管熔接不良堵塞,管路未冲洗干净,残渣沙粒等杂质太多堵塞过滤网,卡死循环泵等,还有系统未排气引起运行噪声等。

第8章 燃气工商业设备的常见故障及检修

8.1 燃气工商业设备的结构组成

燃气工商业设备大部分为鼓风式扩散燃烧器,根据其结构特点可把它分为四个系统,分别是燃气系统、空气系统、燃烧系统和安全控制系统。燃气工商业设备的结构原理如图 8-1 所示。

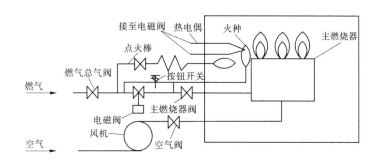

图 8-1 燃气工商业设备结构原理

8.2 燃气工商业设备的故障检修

8.2.1 燃气系统的故障检修

8.2.1.1 燃气系统的结构

燃气系统是指从软管接口到设备的喷嘴部分。它包括三条通路,分别是点火棒通路、火种通路、主燃烧器通路,其结构如图 8-2 所示。

8.2.1.2 燃气系统的常见故障检修

当燃气工商业设备的供气系统出现故障时,通常表现为点火棒点着火种后火种留不住火或火力比正常燃烧时小,这应该是设备的燃气系统受堵了,检查时应重点检查燃气系统。燃气系统常见的故障原因及解决方案如表 8-1、表 8-2 所示。

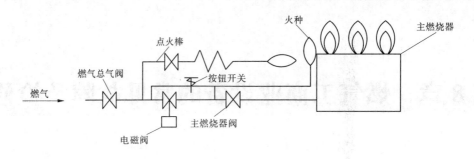

图 8-2　燃气系统结构

（1）点火棒点着火种后火种留不住火。

表 8-1　燃气系统常见的故障原因及解决方案（一）

故障现象描述		故障原因	解决方案
故障类别	故障现象详解		
火种留不住火	利用点火棒能点着火种，但放开按钮开关火种自动熄灭	按钮开关按下时间不够	延长按下按钮开关的时间
		电磁阀损坏	更换电磁阀

（2）火焰比正常燃烧时小。

表 8-2　燃气系统常见的故障原因及解决方案（二）

故障现象描述		故障原因	解决方案
故障类别	故障现象详解		
火焰比正常燃烧时小	火力不足	喷嘴被堵塞，影响供气	拆下喷嘴捅堵
		软管受挤压，影响供气	取下胶管上的重物
		燃气的质量不好	控制燃气的组分
		气源的输出压力低	检查调压器，保证气源的输出压力

8.2.2　空气系统的故障检修

8.2.2.1　空气系统的结构

　　空气系统是指从鼓风机入口到设备的空气出口。它包括鼓风机、空气阀、空气口及空气管等部件。其结构如图 8-3 所示。

8.2.2.2　空气系统的常见故障检修

　　当燃气工商业设备的空气系统出现故障时，通常表现为鼓风机不转或燃烧时火焰偏黄，这应该是设备的鼓风设备损坏或空气系统受堵了，检查时应重点检查空气系统。

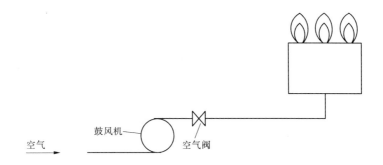

图 8-3　空气系统结构

（1）鼓风机不转，其故障原因及解决方案见表 8-3。

表 8-3　鼓风机不转故障原因及解决方案

故障现象描述		故障原因	解决方案
故障类别	故障现象详解		
听不到风机转动声音	接通鼓风机电源后，风机不转动	插座没电	打开电源开关
		风机叶轮被卡死	清理叶轮处的缠绕物
		风机电容被击穿	更换风机电容

（2）燃烧时火焰偏黄，其故障原因及解决方案见表 8-4。

表 8-4　燃烧时火焰偏黄故障原因及解决方案

故障现象描述		故障原因	解决方案
故障类别	故障现象详解		
黄焰	火焰偏黄，火力不足	鼓风机转速减慢	更换鼓风机
		空气阀开度不够	开大空气阀
		空气管被堵塞	清理空气管

8.2.3　燃烧系统的故障检修

8.2.3.1　燃烧系统的结构

燃烧系统是指燃气与空气混合并燃烧的部位。其结构如图 8-4 所示。

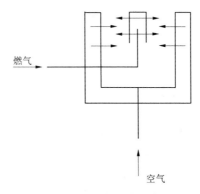

图 8-4　燃烧系统结构

8.2.3.2 燃烧系统的常见故障检修

当燃气工商业设备的燃烧系统出现故障时,通常表现为燃烧噪声较大或燃烧火焰偏黄,火力不足,这应该是设备燃烧系统的燃气出口或空气出口受堵塞,检查时应重点检查燃烧系统。

(1)燃烧噪声较大,其故障原因及解决方案如表 8-5 所示。

表 8-5　燃烧噪声较大故障原因及解决方案

故障现象描述		故障原因	解决方案
故障类别	故障现象详解		
燃烧噪声比较大	设备能点着使用,但燃烧噪声大	空气阀开度过大	关小空气阀
		主燃烧器燃气阀开度过小	调节主燃烧器燃气阀
		燃气压力不足	调节燃气压力
		燃气喷嘴被堵塞	疏通燃气喷嘴

(2)燃烧火焰偏黄,火力不足,其故障原因及解决方案如表 8-6 所示。

表 8-6　燃烧火焰偏黄,火力不足故障原因及解决方案

故障现象描述		故障原因	解决方案
故障类别	故障现象详解		
黄焰	火焰偏黄,火力不足	空气阀开度过小	调节空气阀
		主燃烧器燃气阀开度过大	调节主燃烧器燃气阀
		燃气压力过大	调节燃气压力
		空气出口被堵塞	疏通空气口

8.2.4　安全控制系统的故障检修

8.2.4.1　安全控制系统的结构

对于燃气工商业设备,其安全控制系统主要是指熄火保护装置,而它通常是采用热电偶熄火保护装置,主要包括热电偶和电磁阀。其结构原理如图 8-5 所示。

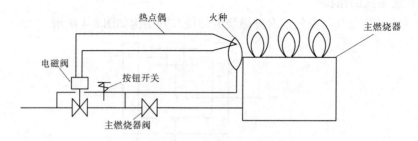

图 8-5　安全控制系统结构原理

8.2.4.2　安全控制系统的常见故障检修

当燃气工商业设备的安全控制系统出现故障时,通常表现为点火棒点着火种后火种留不住火,这应该是安全控制系统中的熄火保护装置出现了故障,检查时应重点检查熄火

保护装置。安全控制系统常见的故障原因及解决方案如表 8-7 所示。

表 8-7　安全控制系统常见的故障原因及解决方案

故障现象描述		故障原因	解决方案
故障类别	故障现象详解		
火种留不住火	利用点火棒能点着火种,但放开按钮开关火种自动熄灭	按钮开关按下时间不够	延长按下按钮开关的时间
		电磁阀损坏	更换电磁阀
		热电偶损坏	更换热电偶
		热电偶与电磁阀的连接导线断线	把热电偶与电磁阀的连接导线重新接好

第9章 燃气设备的改装

9.1 概 述

9.1.1 燃气的互换性

任何燃具都是按一定的燃气成分设计的。当燃气成分发生变化而导致其热值、密度和燃烧特性发生变化时,燃具燃烧器的热负荷、一次空气系数、燃烧稳定性、火焰结构、烟气中 CO 含量等燃烧工况就会改变。但当燃气成分变化不大时,燃烧器燃烧工况虽有改变,但仍能满足燃具的原有设计要求,那么这种变化是允许的;但当燃气成分变化过大时,若燃烧工况的改变使得燃具不能正常工作,这种变化就不允许了。

设某一燃具以 a 燃气为基准进行设计和调整,由于某种原因要以 s 燃气置换 a 燃气,如果燃烧器不加任何调整而能保证燃具正常工作,则表示 s 燃气可以置换 a 燃气,就称 s 燃气对 a 燃气而言具有互换性。a 燃气称为基准气,s 燃气称为置换气。反之,如果置换以后燃具不能正常工作,则称 s 燃气对 a 燃气而言没有互换性。

应该指出的是,互换性并不总是可逆的,即 s 燃气可以置换 a 燃气,并不代表 a 燃气一定可以置换 s 燃气。

根据燃气互换性的要求,当气源厂供给用户的燃气性质发生改变时,置换气必须对基准气具有互换性,否则就不能保证用户安全、满意和经济地用气。可见,燃气互换性是对燃气生产单位提出的要求,它限制了燃气性质的任意改变。

9.1.2 燃具的适应性

两种燃气能否互换,并不只取决于燃气性质本身,它还与燃具燃烧器以及其他部件的性能有密切联系。例如,s 燃气能在某些燃具中置换 a 燃气,在另一些燃具中却不能置换。换言之,有些燃具能同时适用 a、s 两种燃气,但另一些燃具却不能同时适用。因此,这里就需引出燃具适应性的概念。所谓燃具适应性,是指燃具对于燃气性质变化的适应能力。如果燃具能在燃气性质变化范围较大的情况下正常工作,就称适应性大;反之,就称适应性小。

决定燃具适应性大小的主要因素是燃具燃烧器的性能,但是燃具的其他性能(例如,二次空气的供给情况,是敞开燃烧还是封闭燃烧等)也影响其适应性。因此,通常所讲的适应性不应单单理解为燃烧器的适应性,而应理解为燃具的适应性。

9.1.3　华白指数

当以一种燃气置换另一种燃气时,首先应保证燃具热负荷在互换前后不发生大的改变,对于城市民用燃具广泛采用的引射式大气燃烧器,在燃烧器喷嘴前压力不变时,燃具热负荷 Q 与燃气热值成正比,与燃气相对密度的平方根成反比。为了反映这种关系,引入一个叫"华白指数"的参数。其定义为

$$W = \frac{H_h}{\sqrt{S}}$$

式中　W——燃气的华白指数,MJ/Nm^3;

　　　H_h——燃气的高热值,MJ/Nm^3;

　　　S——燃气的相对密度。

这样就有,燃具热负荷与华白指数成正比。所以,华白指数也叫作热负荷指数。

华白指数是代表燃气特性的一个参数。在燃气互换性问题中,华白指数是衡量燃具热负荷大小的特性指数。设有两种燃气的热值和密度均不相同,但只要它们的华白指数相等,就能在同一燃气压力和同一燃具上获得相同热负荷。如果其中一种燃气的华白指数较大,则热负荷也较大。

在两种燃气互换时,热负荷除与华白指数有关外,还与燃气黏度等次要因素有关,但在工程上这种影响往往忽略不计。

华白指数是在互换性问题产生初期所使用的一个互换性判定指数。各国一般规定在两种燃气互换时华白指数 W 的变化不超过 $\pm(5\% \sim 10\%)$。

9.1.4　燃烧速度指数

当燃气成分和特性变化较大,或者掺入的燃气与原来的燃气特性相差较远时,燃气的燃烧速度会发生较大的变化。只用华白指数,已不能控制燃气的互换性。因此,某些学者提出采用燃烧速度指数 C_p(又称燃烧势)来控制燃气的互换性。其定义为

$$C_p = K[\,1.0H_2 + 0.6(CO + C_nH_m) + 0.3CH_4\,]/\sqrt{S}$$

式中　$K = 1 + 0.0054\,O_2{}^2$;

　　　H_2——燃气中氢的含量;

　　　CO——燃气中一氧化碳的含量;

　　　C_nH_m——除甲烷外其他烷烃的含量;

　　　CH_4——燃气中甲烷的含量;

　　　S——燃气的相对密度;

　　　O_2——燃气中氧的含量。

对于多气源城市的燃气互换性问题,主要应做到以下三点:一是维持燃气热值稳定,以保证用户的燃气费用与输入热量的一致性;二是控制华白指数波动范围在 $\pm 10.0\%$ 以内,以保证燃气燃烧设备热负荷的均衡性;三是控制燃烧速度指数变化范围,以保证燃烧稳定性。

最后,还需要考虑以下几个问题:

(1)即使燃具燃烧工况良好,可以进行高压供气,但易进入爆炸状态的,不能进行互换;

(2)对燃气表及燃具有腐蚀作用的燃气,不能进行互换;

(3)由于燃气着火温度升高,不能采用电点火的燃气,也不具备互换性。

9.2　家用燃气设备的改装

9.2.1　家用燃气设备改装必须考虑的因素

9.2.1.1　燃气设备的热负荷

燃气设备的功能就是通过燃气的稳定燃烧,将燃气的化学能转化为热能,来满足生活中加热或采暖等需要。燃气设备热负荷是燃料在燃烧器(如燃气灶、燃气热水器)中燃烧时单位时间内所释放的热量。其计算公式为

9.1　燃气设备的改装

$$热负荷=燃料消耗量×燃料低热值$$

燃气设备的热负荷分为额定热负荷、实测热负荷、实测折算热负荷。通常,燃气设备上所标注的参数是指额定热负荷,是在额定燃气供气压力下,使用标准状态下基准气时燃气设备热负荷的设计值。因此,燃气设备的热负荷是最基本的参数,原有气源的燃气设备,其设计热负荷是基于满足某种热量和温度的需求而确定的,当将其改装成适应新气源的燃气设备时,其热负荷不允许有太大的变化,当热负荷变小时,加热效果会达不到原来的要求;当热负荷变大时,燃气设备的某些零部件会因为达不到要求而损坏,所以燃气设备改装后也应保持原有的热负荷。

9.2.1.2　燃气设备的燃烧工况

一般的燃气设备都是按照一定成分和供气压力的燃气作为设计气来设计制造的,特别是家用燃气设备通常采用的部分预混大气式燃烧器。正常的部分预混火焰应该具有稳定的、燃烧完全的火焰结构。当按气源改变时,燃气的成分和压力发生很大变化,燃气的燃烧特性发生变化,原来的燃气设备不能适应新的燃气特性而导致离焰、回火、黄焰和不完全燃烧等情况发生。

燃气的燃烧特性通常可以使用燃烧特性曲线来表示。由离焰极限曲线、回火极限曲线、黄焰极限曲线、CO 极限曲线围成的区域为稳定燃烧区域。只有当燃烧器具的设计运行点处于燃烧稳定区域内时,才能保证燃烧状态稳定,说明燃具设计合理;当使用的燃气发生变化,燃气特性改变时,其燃烧特性曲线也发生移动。当燃气特性发生很大变化时,比如人工煤气变成天然气,燃气设备的运行点处于稳定燃烧区域以外,燃气就不能正常燃烧。要使燃气设备能继续使用,就必须经过调整与改装,使燃气设备适应新的燃气类型,将运行点重新移到稳定燃烧区域,即改装完成的器具必须具有稳定的燃烧工况,不发生离焰、回火、黄焰及 CO 超标的情况。

9.2.2 家用燃气设备改装必须调整和更换的部位

9.2.2.1 喷嘴

在燃气种类确定以后,家用燃气设备的热负荷主要由燃气喷嘴直径决定。对于低压引射式燃烧器,燃气设备用气量的计算公式为

$$L_g = \frac{600Q}{H}$$

式中 L_g——设备每小时的用气量,m^3/h;

Q——设备的热负荷,kW;

H——设备使用气源的热值,kJ/m^3。

燃气从喷嘴流出的流量的计算公式为

$$L_g = 0.003\,5\mu d^2 \sqrt{\frac{P}{S}}$$

式中 L_g——设备每小时的用气量,m^3/h;

μ——流量系数,一般取0.8;

S——燃气的相对密度;

P——燃气的压力,Pa;

d——喷嘴直径,mm。

上述两公式联合可得喷嘴直径计算公式为

$$d = \sqrt{\frac{3\,600Q}{0.003\,5\mu H}} \sqrt[4]{\frac{S}{P}}$$

从以上公式可知,当确定燃气设备某喷嘴所负责的热负荷、燃气的供气压力、燃气的热值、燃气的相对密度后就能计算出喷嘴的直径。

注意:当用上述公式计算出喷嘴直径后,就可根据计算结果选择合适的钻头进行钻孔加工,钻头一般对计算值采取四舍五入的方法选取,但对于玻璃面板的燃气灶具往往会出现由于喷嘴偏大,导致玻璃面板开裂的现象,所以对于玻璃面板的燃气灶具,钻头采用宁小勿大的方法选取。

在民用设备中,主要是燃气灶和热水器两种设备,这两种设备热负荷的分配有各自的特点,燃气灶的热负荷由内圈火和外圈火共同承担,而且两圈火负责的比例不同,这样就出现内、外圈喷嘴直径不一样,要分开计算的情况。内、外圈火的负荷比例主要取决于内、外圈火所负责的火孔数目,$Q_内 : Q_外 = $ 内圈的火孔数目 : 外圈的火孔数目。热水器的热负荷由多个火排共同承担,每个喷嘴负责的热负荷是相同的,也就是说,每个喷嘴负责的热负荷是热水器总热负荷按喷嘴数目平均分配。

9.2.2.2 阀芯

阀芯是燃气设备调节火力大小的重要部件,阀芯上开了一些孔,孔径的大小主要取决于燃气设备的最大火力和最小火力的用气量,当气源发生改变时,最大火力和最小火力一般不能改变,所以会出现最大火力和最小火力对应的用气量不同,从而须改变阀芯上的孔径大小以适应新的气源。当新气源燃气热值减小时,如果不更换阀芯,调大燃气设备火

力,往往就会出现过气量不够、负荷达不到要求的现象;当新气源燃气热值增加时,如果不更换阀芯,调小燃气设备火力,往往就会出现火力过大、调不小的现象。燃气灶具和普通的燃气热水器都有阀芯,在进行改装时,都要按要求进行更换;对于数码恒温式热水器,它用气量的调节不是由阀芯来操作的,所以这种类型的热水器改装时无须更换阀芯,但需要重新调整二次压。

9.2.2.3　火盖

火盖的更换主要是对燃气灶具而言的,不同种类燃气的组分截然不同,除华白指数差异外,两者的燃烧速度及表征燃烧速度的指数——燃烧势相差很大。例如,人工煤气中含有 40%~50% 的 H_2,燃烧速度快,容易产生回火;天然气的主要成分是 CH_4,燃烧速度慢,容易产生离焰。因此,人工煤气灶具设计的火孔热强度大,火孔出口流速大,同时采用小火孔直径以保证不回火;而天然气灶具设计的火孔热强度小、火孔直径大以减小产生离焰的可能。人工煤气灶具火孔热强度为 11.6~19.8 W/mm^2,甚至 20 W/mm^2,而天然气灶具火孔热强度一般只有 6~9 W/mm^2。因此,在灶具改装时,必须按照天然气的特性重新设计、更换火盖。此外,天然气燃烧所需要的理论空气量大,所以二次空气需要量大,而且火孔热强度小,火孔总面积大,这样造成二次空气的流通性变差,理想的改装方案应将炉头和火盖同时更换掉,以更好地组织二次空气。由于考虑转换成本的原因,炉头一般不更换,因此在火盖的设计上更应该注意火孔间距等问题,组织好二次空气,或采取辅助火孔的方式进行稳焰,避免由于二次空气不足而产生离焰。如果由于原有灶具炉头结构问题,以及引射系统无法带入足够的一次空气,无法解决二次空气问题,在改装时必须将炉头一并更换。

9.2.2.4　风门的调节

大气式燃烧系统稳定燃烧的最重要部分就是一次空气引射系统,在一定燃气特性的条件下,它决定了一次空气系数,而一次空气系数同时影响着火焰燃烧速度、火孔出口速度、总空气系数等,直接决定了灶具在燃烧特性图上的运行点,决定了是否会产生离焰、回火、黄焰和烟气中的 CO 含量超标。

燃气灶具在改装过程中,燃气的种类发生了变化,而且不同种类的燃气一次空气系数不一样,例如人工煤气的一次空气系数一般为 0.55~0.6,天然气一般为 0.6~0.65。由于一般家用燃气灶的引射系统都有设计余量,并设置有调节一次空气阻力的风门,所以在改装后可根据灶具燃烧的实际情况,对风门进行调节,边调边观察火焰,一直调到火焰正常为止。对于燃气热水器,由于燃气热水器中没有设置可调的风门,所以改装需要加大风门时就必须更换风门,改装需要减小风门时可在风门处设置挡板,以减小风门。

9.2.3　家用燃气设备的改装方法

家用的燃气设备主要有燃气灶具和燃气热水器两种,这两种设备牌子和类型多种多样,在改装时需要调整和更换的部位也不同。归纳如表 9-1 所示。

表 9-1　家用燃气设备的改装方法

序号	项目	调整和更换部位	备注
1	燃气灶具	1.更换内圈火喷嘴、外圈火喷嘴； 2.将带有熄火保护灶具阀体的阀芯小孔扩大至新气源要求尺寸； 3.更换火盖； 4.调整风门至不出现黄焰	如果熄火保护能正常工作，可以省略阀芯扩孔步骤
2	水气联动式燃气热水器	1.更换所有喷嘴； 2.更换火力调节阀的阀芯； 3.在风门处增加挡板或更换风门	改装需要减小风门时,应在风门处设置挡板；改装需要加大风门时,应更换风门
3	数码恒温式燃气热水器	1.更换所有喷嘴； 2.在风门处增加挡板或更换风门； 3.按要求重新调整二次压	

第 10 章　燃气泄漏处理

10.1　燃气安全管理知识

10.1.1　安全管理的目的

安全管理就是通过管理的手段,达到控制事故、消除隐患、减少损失的目的,使劳动者有一个安全、舒适的工作环境,使企业具备较高的安全水平,使人民群众的生活环境和谐、有序。因此,安全管理就是以安全为目的,进行有关政策、计划、组织和控制方面的活动。

10.1.2　安全管理的因素

现代安全管理理论认为,事故的发生是由于人的不安全行为和物的不安全状态造成的,具体包括以下 4 个因素。

10.1.2.1　技术因素

技术因素包括作业环境不良,如照明、温度、湿度、通风、噪声等方面;物料堆放杂乱,作业空间狭小,设备、工具缺陷,防护与报警装置不全或存在缺陷等。

10.1.2.2　教育因素

教育因素包括有关人员缺乏安全生产知识、经验、作业技术,操作人员技能不熟练等。

10.1.2.3　身体和态度的因素

身体和态度的因素包括生理状态或健康状态不佳,如听力、视力不佳,反应迟钝,疾病、醉酒等生理机能障碍;怠慢、反抗、不满情绪、消极或亢奋的工作态度等。

10.1.2.4　管理因素

管理因素包括企业主要领导人对安全不重视,制度、规程不健全,监督、检查不力等。

安全管理主要针对上述 4 个方面的因素,采取技术、管理的手段,开展安全工作,防止各类事故的发生。

10.1.3　安全管理的一般原则

10.1.3.1　预防为主的原则

我国安全工作的方针是"安全第一,预防为主"。安全管理工作应当以预防为主,即通过有效的管理手段和技术手段,防止人的不安全行为和物的不安全状态出现,从而降低事故发生的概率。除不可控因素外,凡是由于人类自身活动造成的灾害事故,总有其因果关系,控制事故发生的原因,采取科学、合理的防范措施,一般就能预防事故的发生。

10.1.3.2　强制性原则

采取强制手段控制人的主观意愿和行为,使劳动者的活动、行为等受到安全管理制度和操作规程的约束,并使其因违反规定而承担必要的责任,从而实现有效的安全管理。安全管理之所以具有强制性,主要是因为管理、操作人员在日常工作中容易产生麻痹思想和侥幸心理,对事故发生的偶然性和严重性估计不足,一旦发生事故,便无法挽回。因此,安全管理的主要原则就是强制性原则。

10.1.4　燃气安全管理的主要内容

燃气企业须高度重视燃气安全工作,根据安全管理的原则,一般应从以下6个方面开展工作。

10.1.4.1　建立安全组织机构

建立安全组织机构包括明确安全责任人,领导安全管理工作,建立安全员、义务消防员网络等。

10.1.4.2　不断完善燃气安全管理制度

完善燃气安全管理制度包括完善安全例会制度、安全教育制度、安全检查制度、危险作业报告审批制度、各类事故报告处理制度、安全隐患处理制度、劳动保护用品发放管理制度、特种设备安全管理制度、用户安装维修安全操作规程等。

10.1.4.3　定期开展燃气安全检查

定期开展包括针对职工行为、现场作业、设备运行等安全检查。

10.1.4.4　对职工加强安全教育

按照规定,定期开展职工安全教育,学习燃气安全知识、安全技术与抢修技术、相关法律法规等,不断提高职工安全意识和防灾、救灾能力,培养文明的安全生产行为。

10.1.4.5　对燃气用户开展安全宣传

对燃气用户进行安全使用燃气燃烧器具、燃气安全常识等方面的宣传教育工作,提高燃气用户的安全意识。

10.1.4.6　做好应急预案

要做到事故突发时能准确、及时地采用应急处理程序和方法,快速反应、处理事故或将事故消灭在萌芽状态,必须制订应急预案,并进行培训和演练。

10.2　燃气消防安全

10.2.1　燃气火灾

10.2.1.1　火灾的形成

1.燃气(可燃物)

引起燃气事故的可燃物是燃气本身,当燃气泄漏到空气中且不能及时排出,在相对封闭的空间中不断积聚,达到爆炸极限时,遇到火源就会发生爆炸,导致火灾。因此,当发生燃气泄漏事故时,须及时通风,严格控制燃气在空气中的浓度不在爆炸范围之内。

2. 助燃物

助燃物泛指空气、氧气及氧化剂。在一般的燃气事故中,助燃物主要是空气。

3. 着火源

着火源如电点火源、高温点火源、冲击点火源等。

(1)明火。明火主要包括生产用火(如喷灯、焊机等产生的烟火)、非生产用火(如暖炉、火柴、香烟等产生的烟火)、火炉(如焙烧炉、加热炉等产生的烟火)等。

(2)摩擦与撞击产生的火花。摩擦与撞击产生的火花主要指因工具等器物摩擦或撞击产生的火花。在有燃气设施的危险场所施工,严格要求杜绝因工具等器物摩擦或撞击产生的火花。

(3)电火花。电火花是指高电压的火花放电、短时间内的弧光放电等产生的火花。如在大量的用户燃气事故中,由于泄漏,燃气在室内达到了爆炸极限,遇到冰箱启动,瞬间即可引爆燃气,酿成严重事故。

(4)静电。当两种物体相互接触后,在分离时往往产生静电。虽然这种静电电流很小,但其产生 $1\,000 \sim 10\,000$ V 的高压,在空气中放电产生火花,就有引起可燃物质着火的危险。

以上燃气、助燃物、着火源 3 个条件,必须同时具备,并相互结合、相互作用,才有可能发生爆炸事故。消除任何一个条件,均不会发生燃气爆炸事故。因此,预防燃气事故灾害的措施,都是围绕上述 3 个必要条件展开的。

10.2.1.2 火灾特点

一起火灾往往是由小变大,最后形成大火。其发展阶段可分为酝酿期(没有火焰的阴燃)、发展期(火苗蹿起,火势扩大)、全盛期(可燃物全面着火)、衰落期(灭火措施见效或可燃物燃尽,火势逐渐衰落直至熄灭)。

10.2.1.3 火灾的分类

火灾分为 A、B、C、D、E、F 六类火灾(GB 4968—85)。

A 类火灾:指固体物质火灾。这种物质往往具有有机物性质,一般在燃烧时能产生灼热的余烬,如木材、棉、毛、麻、纸张火灾。

B 类火灾:指液体火灾或可熔化的固体火灾,如汽油、煤油、甲醇、乙醇、石蜡、沥青火灾等。

C 类火灾:指气体火灾,如天然气、甲烷、乙烷、丙烷、氢气火灾等。

D 类火灾:指金属火灾,如钾、钠、铝、镁火灾等。

E 类火灾:带电火灾,如物体带电燃烧的火灾。

F 类火灾:烹饪器具内的烹饪物(如动植物油脂)火灾。

10.2.1.4 燃气火灾的扑救

灭火的基本方法有以下四种。

(1)窒息灭火法:用不燃或难燃材料覆盖在燃烧物的表面,断绝其空气来源的方法,常用的材料有石棉布、湿棉被、干沙等。

(2)冷却灭火法:使用灭火剂使燃烧物温度降到其燃点以下使燃烧停止的方法,常用的灭火剂有水、二氧化碳等。

（3）隔离灭火法：使燃烧物与可燃物隔离，从而终止燃烧的方法，如关闭阀门、搬移液化石油气钢瓶等。

（4）抑制灭火法（中断化学反应法）：使灭火剂参与到燃烧反应过程中去，使燃烧过程产生的游离基消失，形成稳定分子，从而使燃烧的化学反应中断的方法，如 1211 灭火器和 1301 灭火器的灭火原理。

10.2.2 灭火剂的一般知识

灭火剂能通过物理、化学作用使燃烧停止。灭火剂的种类很多，目前常用的有水、干粉灭火剂、泡沫灭火剂、卤代烷灭火剂等。

10.2.2.1 水

水是目前使用最广泛、最易得到、最经济且很有效的灭火剂，但是水不能用于扑救电气火灾，因为电气火灾中存在易与水发生放热反应的化学物质、比水轻的可燃液体等。

10.2.2.2 干粉灭火剂

干粉灭火剂与火焰接触，能捕捉氧化反应中的活性基团·OH 和 H·等，中断燃烧的连锁反应，使火熄灭。

干粉灭火剂有很多种，其主要成分是碳酸氢钠（小苏打）。另外，还有少量的滑石粉作为流动剂，云母粉作为绝缘剂，硬脂酸镁作为防潮剂。

由于这种灭火剂具有效力大、无毒、无腐蚀性、不导电、保质期长、价格较便宜等优点，因此被广泛应用于扑灭可燃、易燃气体、液体火灾或电气火灾。

10.2.2.3 泡沫灭火剂

通过化学反应或机械方式产生灭火泡沫的灭火剂叫泡沫灭火剂。

泡沫灭火剂的种类很多，按生成泡沫的机制不同，可分为化学泡沫灭火剂和空气泡沫灭火剂两大类。

泡沫灭火剂主要由发泡剂、泡沫稳定剂等组成，用化学反应方法或机械方法制出大量含有二氧化碳或空气的泡沫，利用其相对密度很小的特点，覆盖、附着在燃烧物的表面，隔绝空气和热辐射，同时也具有一定的冷却作用，泡沫的蒸汽还可以降低燃烧物附近氧气的浓度。泡沫灭火剂主要用于扑救非水溶性可燃液体及一般固体火灾。

10.2.2.4 卤代烷灭火剂

卤代烷灭火剂是一种灭火效率高、不留痕迹、腐蚀性小、保质期长的灭火剂。

我国目前使用最多的是 1211（二氟一氯一溴甲烷）灭火剂。它在常温下是无色透明的液体，极易汽化。其灭火原理主要是在接触火焰时受热产生溴离子，与燃烧产生的活性氢基化合，抑制了氧化反应，使燃烧停止。此外，它还具有一定的冷却、隔绝作用。

10.2.3 消防器材

10.2.3.1 干粉灭火器

使用干粉灭火器灭火时，将干粉灭火器提到可燃物前，站在上风向或侧风面，上下颠倒摇晃几次，拔掉保险销或铅封，一手握住喷嘴，对准火焰根部，另一手按下压把，干粉即可喷出。灭火时,要迅速摇晃喷嘴,使粉雾横扫整个火区,由近及远向前推进,将火扑灭掉。同时注意,不能留有遗火。油着火,不能直接喷射,以防液体飞溅,造成扑救困难。干粉灭火器及其使用方法见图 10-1、图 10-2。

图 10-1　干粉灭火器

图 10-2　干粉灭火器使用方法

　　干粉灭火器适用范围:碳酸氢钠干粉灭火器适用于易燃、可燃液体、气体及带电设备的初起火灾;磷酸铵盐干粉灭火器除可用于上述几类火灾外,还可扑救固体类物质的初起火灾,但都不能扑救轻金属燃烧的火灾。

10.2.3.2　二氧化碳灭火器

　　二氧化碳灭火器的灭火剂价格低廉,获取制备容易,其主要依靠窒息作用和部分冷却作用灭火。在使用时,可手提筒体上部的提环,将灭火器提到起火地点。放下灭火器,拔出保险销,一只手握住喇叭筒根部的手柄,另一只手紧握启闭阀的压把。对没有喷射软管的二氧化碳灭火器,应把喇叭筒往上扳 70°~90°。使用时,不能直接用手抓住喇叭筒外壁或金属连接管,以防止手被冻伤。在室外使用时,应选择上风方向喷射;在室内狭小空间使用时,灭火后操作者应迅速离开,以防窒息。二氧化碳灭火器如图10-3所示。

图 10-3　二氧化碳灭火器

二氧化碳灭火器适用范围:因其具有流动性好、喷射率高、不腐蚀容器和不易变质等优良性能,可用来扑灭图书、档案、贵重设备、精密仪器、600 V 以下电气设备及油类的初起火灾;适用于扑救一般 B 类火灾(如油制品、油脂等火灾),也适用于扑救 A 类火灾;但不能扑救 B 类火灾中的水溶性可燃、易燃液体的火灾(如醇、酯、醚、酮等物质火灾),也不能扑救带电设备及 C 类和 D 类火灾。

10.2.3.3　泡沫灭火器

1.手提式泡沫灭火器

对于泡沫灭火器,应注意不得在奔赴火场的过程中使灭火器过分倾斜,更不可横拿或颠倒,以免两种药剂(硫酸铝和碳酸氢钠溶液)混合而提前喷出。当距离着火点 10 m 左右时,即可将筒体颠倒过来,一只手紧握提环,另一只手扶住筒体的底圈,将射流对准燃烧物。在扑救可燃液体火灾时,如已呈流淌状燃烧,则将泡沫由远而近喷射,使泡沫完全覆盖在燃烧液面上;如在容器内燃烧,应将泡沫射向容器的内壁,使泡沫沿着内壁流淌,逐步覆盖着火液面。切忌直接对准液面喷射,以免由于射流的冲击,反而将燃烧的液体冲散或冲出容器,扩大燃烧范围。在扑救固体物质火灾时,应将射流对准燃烧最猛烈处。灭火时,随着有效喷射距离的缩短,使用者应逐渐向燃烧区靠近,并始终将泡沫喷在燃烧物上,直到扑灭。使用时,灭火器应始终保持倒置状态,否则会中断喷射。手提式泡沫灭火器如图10-4所示。

2.推车式泡沫灭火器

推车式泡沫灭火器使用时,一般由两人操作,先将灭火器迅速推拉到火场,在距离着火点 10 m 左右处停下,由一人施放喷射软管,双手紧握喷枪并对准燃烧处;另一人则先逆时针方向转动手轮,将螺杆升到最高位置,使瓶盖开足,然后将筒体向后倾倒,使拉杆触地,并将阀门手柄旋转90°,即可喷射泡沫进行灭火。推车式泡沫灭火器如图10-5 所示。

推车式泡沫灭火器适用范围:适用于扑救一般 B 类火灾(如油制品、油脂等火灾),也适用于扑救 A 类、F 类火灾;但不能扑救 B 类火灾中的水溶性可燃、易燃液体的火灾(如醇、酯、醚、酮等物质火灾),也不能扑救带电设备及 C 类、D 类和 E 类火灾。

3.空气泡沫灭火器

空气泡沫灭火器基本上与化学泡沫灭火器相同。但抗溶泡沫灭火器还能扑救水溶性

图 10-4　手提式泡沫灭火器

图 10-5　推车式泡沫灭火器

易燃、可燃液体的火灾,如醇、酯、醚、酮等溶剂燃烧的初起火灾。

　　使用时,可手提或肩扛迅速奔到火场,在距燃烧物 6 m 左右处,拔出保险销,一手握住开启压把,另一手紧握喷枪;用力捏紧开启压把,打开密封或刺穿储气瓶密封片,空气泡沫即可从喷枪喷出。空气泡沫灭火器使用时,应使灭火器始终保持直立状态,切勿颠倒或横卧使用,否则会中断喷射。同时,应一直紧握开启压把,不能松手,否则也会中断喷射。

　　空气泡沫灭火器适用范围:适用于扑救一般 B 类火灾(如油制品、油脂等火灾),也适用于扑救 A 类火灾;但不能扑救 B 类火灾中的水溶性可燃、易燃液体的火灾(如醇、酯、醚、酮等物质火灾),也不能扑救带电设备及 C 类和 D 类火灾。

【小提示】

　　1.泡沫灭火器存放应选择干燥、阴凉、通风并取用方便之处,不可靠近高温或可能受到暴晒的地方;冬季要采取防冻措施,以防止冻结,并应经常擦除灰尘、疏通喷嘴,使之保持通畅。

2.泡沫灭火器从出厂日期算起,达到如下年限的,必须报废:推车式化学泡沫灭火器——8 年,手提式化学泡沫灭火器——5 年。

10.2.3.4　1211 灭火器

1211 灭火器利用装在筒内的氮气压力将 1211 灭火剂喷射出灭火,它属于储压式一类,它是我国目前生产和使用最广的一种卤代烷灭火剂,以液态灌装在钢瓶内。1211 灭火器见图 10-6。

图 10-6　1211 灭火器

使用时,首先拔掉安全销,然后握紧压把进行喷射,但应注意,灭火时要保持直立位置,不可水平或颠倒使用,喷嘴应对准火焰根部,由近及远,快速向前推进;要防止回火复燃,零星小火则可采用点射。如遇可燃液体在容器内燃烧时,可使 1211 灭火剂的射流由上而下向容器的内侧壁喷射;如果扑救固体物质表面火灾,应将喷嘴对准燃烧最猛烈处,左右喷射。

1211 灭火器适用范围:扑救易燃、可燃液体、气体及带电设备的初起火灾;扑救精密仪器、仪表、贵重物资、珍贵文物、图书档案等初起火灾;扑救飞机、船舶、车辆、油库、宾馆等场所固体物质的表面初起火灾。

1211 灭火器按标志上的生产日期算起,超过 10 年期限应予报废。

10.2.4　火灾自救与逃生

建筑物起火后的 5 ~ 7 min 是灭火的最好时机,超过这个时机,就要设法逃离火灾现场。

10.2.4.1　火灾逃生的四个要点

防烟熏;果断、迅速逃离现场;寻找逃生之路;等待他救。

10.2.4.2　火场逃生自救的一般原则

当大火扑来,尽快脱离火境是上策。这时,首先需要镇静,明确自身所处的楼层,观察分析周围的火情,明确楼梯和楼门的位置及走向。千万不要盲目开窗开门,不要盲目乱跑、跳楼。在冲过着火地带过程中,如果火势尚不太猛,可以穿上打湿的不易燃烧的衣服或裹上湿棉被,地面上如有火焰,可以穿上雨鞋。要迅速果断,不要吸气,以免被浓烟熏呛窒息,有条件的可以用湿毛巾捂住口鼻。如果楼梯已被隔断,可以将绳索绑在窗棂或其他固定物上,顺绳索慢慢下滑,要浸湿绳子,选择没有火的方向,防止在下滑过程中绳子被烧断。如建筑物上有铸铁水管的,也可以沿着水管下楼,但要注意下面的铸铁管道是否已被火焰烘烤,以免因管道烫手而坠落身亡。

10.2.4.3　正确的避难措施

（1）选择有水源和能同外界联系的房间作为避难间；

（2）关闭迎火的门窗，打开背火的门窗进行呼吸，等待救援；

（3）用湿毛巾、床单等物堵住门窗缝隙或其他孔洞，或挂上湿棉被或不燃物品，并不断洒水，防止烟火渗入；

（4）不停用水淋透房间，弄湿房间的一切东西包括地面，延缓烟火，赢得救援时间；

（5）用湿毛巾捂住口鼻，防止被浓烟呛伤和热气体灼伤；

（6）如大火进入房间，利用阳台或爬出窗台，避开烟火和熏烤；

（7）积极与外界联系呼救（如房间有电话要及时报警，报告自己的方位；无电话时，白天可用各色的旗子或明显的标志向外报警，夜间要打开电灯或手电筒报警）。

10.2.4.4　人身着火的处理方法

在火场中很难避免人身上不被火烧着，一旦身上着火，人们往往惊慌失措，不知该如何处理，忙乱之中导致火非但不熄灭，反而越来越大，造成不可挽回的伤亡。在人身上着火后可以遵循以下几点：

（1）不能奔跑，应就地打滚；

（2）如果条件允许，可以迅速将着火的衣服撕裂脱下，浸入水中，或踩或用灭火器、水扑灭。不宜用灭火器直接往人身上喷射。

（3）倘若附近有河、塘、水池之类，可迅速跳入浅水中，但如果烧伤面积太大或程度较深，则不能跳入水中，防止细菌感染或其他不测。

（4）如果有两个以上的人在场，未着火的人要镇定，立即用随手可以拿到的麻袋、衣服、扫帚等朝着火人身上的火点覆盖、扑，或帮助撕下衣服，或用湿被单等把着火的人包裹起来。

10.2.4.5　119 报警

报警时要沉着冷静，正确、简洁地说清着火单位的名称和详细地址、着火部位、着火物资、火情大小以及报警人的姓名和电话号码，报警后迅速到路口等候消防车，并指引消防车去火场的道路。

10.2.4.6　"三知""三会"

（1）"三知"：知易发生火灾的部位、知事故应急方案、知灭火方法。

（2）"三会"：会使用灭火器材、会报警、会自救。

10.2.5　燃气火灾处置方法

对于初起小火，必须抓紧战机立即现场扑救，几个人、几瓶干粉灭火器就有可能将火扑灭。此时，关键的是头脑要清醒冷静，行动要迅速果断，采取正确灭火方法，如果丧失战机致火势扩大，灭火困难就会增大多倍。

发生初起小火时的处置方法如下：

（1）切断气源，关闭着火点上下游阀门，如果是液化石油气罐引起火灾，应立即关闭角阀，将气罐移至室外的安全地带，以防爆炸。

（2）立即用灭火器进行灭火，起火处可用湿毛巾或湿棉被盖住，将火熄灭。无法接近火源时，可采取用沙土覆盖、用灭火器控制火势、利用水降温等措施，以防爆燃。

（3）如火势很大,个人不能扑灭,向单位报警,必要时打 119 报警。

（4）组织力量同时用灭火器灭火,可以取得更好的灭火效果。

（5）设置警戒线,熄灭明火,禁止无关人员、车辆进入。

（6）设法抢修堵漏。

（7）火灭后进行善后处理。

10.2.6 燃气烧伤急救

一般烧伤程度分三级:一度(红肿型)、二度(水泡型)、三度(坏死型)。

（1）一度烧伤:反复用冷水冷却烧伤处。

（2）二度烧伤:不可用冷水冲,否则容易感染恶化。水泡尽量不要弄破,救护人员严禁触摸伤处;如需要脱去被烧伤处黏结的衣裤、鞋袜等,千万不要强撕硬扯,应用剪刀剪开非黏结部分慢慢脱去。烧伤处可涂些盐水或急救烧伤药物,然后送往医院。

（3）三度烧伤:立即送往医院。

10.3 燃气中毒知识

在城镇燃气中,人工煤气因其主要成分为一氧化碳,属于对人体剧毒的气体,其无色无味,如果泄漏到室内而不及时排出,会直接导致人员一氧化碳中毒。此外,燃气燃烧产生的烟气(无论是完全燃烧,还是不完全燃烧),如果不及时排到室外,同样会引起人员窒息、中毒等危害。因此,保持室内,特别是有燃气燃烧器具房间的良好通风,是消除燃气窒息、中毒事故的主要原则。

10.3.1 窒息

人正常生活所需的空气氧含量约为 21%,一旦空气中的氧含量低于这个数值,人就有可能窒息,产生窒息的原因主要有以下两种:

（1）由于在不通风和通风不畅的空间,泄漏的燃气(天然气和液化石油气的有毒成分极低, 般不会使人中毒)容易积聚而不能及时消散,使空气中的氧含量减小到正常浓度以下,导致人窒息。

（2）由于燃气在不通风或通风不畅的空间燃烧,产生的烟气(主要是水蒸气和二氧化碳)浓度增高,而空气中的氧气浓度降低,使人窒息。例如,以燃烧天然气为例,在一个装有双眼灶和热水器的房间内,1 h 消耗天然气约为 1.6 m^3,燃烧所需的空气量为 21.1 ~ 29.2 m^3,再加上人体呼吸所需的空气量约为 0.5 m^3/人,如通风不畅,新鲜空气很快便会消耗殆尽,导致人窒息。

10.3.2 中毒

燃气中毒事故的原因也分为两种:一种是由于人工煤气泄漏,因其主要成分为一氧化碳,会使人直接中毒;另一种是由于燃气在通风不良的空间内燃烧,因得不到充足的氧气,烟气中的主要成分为不完全燃烧产物—— 一氧化碳,当其积聚到一定浓度时,使人中毒。

【知识拓展】

一氧化碳中毒机制

一氧化碳被人体吸入后,与血液中的血红蛋白(HB)结合,形成碳氧血红蛋白(CO-HB)。一氧化碳与血红蛋白的亲和力比氧气高约 300 倍,从而阻止了血红蛋白与氧气的结合,造成人体缺氧。缺氧时人的心、肺、神经系统受到的影响尤其严重。如果人的大脑缺氧几分钟,即会丧失原来的功能。一氧化碳中毒的常见症状有头痛、头晕、恶心、耳鸣、心悸、呕吐、四肢无力等。

相关资料表明,当空气中一氧化碳含量为 0.08% 时,45 min 内人即感觉头痛、头晕、恶心;含量为 0.16% 时,20 min 内人即会感觉头痛、恶心等;含量达到 0.32% 时,人在 5 ~ 8 min 内即会产生头痛、恶心,30 min 内即会失去知觉,导致死亡;达到 0.64% 时,人在 1 ~ 2 min 内即会产生头痛、头晕、恶心现象,10 ~ 15 min 即会失去知觉,直至死亡;当空气中一氧化碳含量达到 1.28% 时,对人体会立即产生作用,1 ~ 3 min 内可使人失去知觉甚至死亡。

10.3.3 燃气窒息中毒事故的紧急处置措施

因燃气事故发生原因非常复杂,危害性大,具备抢险资质的专业力量必须按照相应预案采取紧急措施处置。

燃气中毒最常见的是一氧化碳中毒。如果有人中毒,要根据现场情况,第一时间通知专业救援队伍施救。如果条件允许,在掌握正确救援方法的前提下,可以进行施救。

(1)尽快将中毒者从中毒现场转移到空气流通的地方。如果中毒地点燃气浓度很高,救护人员要戴上防毒面具和氧气呼吸器。同时,切记不要带火种进入现场,不要穿钉子鞋在硬地面上行走,防止摩擦产生火花导致爆燃。

(2)将中毒者的衣扣解开,使其平稳躺好,头向后垂下,下颌向前伸,以便于呼吸。

(3)注意给中毒者保暖,不要让中毒者感到寒冷。如果中毒者受冷,消耗其体内大量热量,对抢救非常不利。

(4)不应使中毒者入睡,如中毒者失去知觉或神志不清,可采用一定的刺激方法使其苏醒。

(5)如果中毒者发生休克或呼吸不足断断续续时,表明仍处于危险之中,必须马上采取人工呼吸措施。人工呼吸一般是嘴对嘴或嘴对鼻的急救呼吸法。急救时,要注意中毒者胸膛的凸起和呼出的杂音。此抢救方法要进行到医生到来或中毒者可自行呼吸为止。

(6)在中毒现场附近如有氧气瓶,可在中毒者附近释放氧气,及时给中毒者吸氧。一氧化碳中毒者被送往医院急救治疗,也只是注射强心剂和进行输氧处理。

10.4 燃气事故及危害

任何事物都具有两面性:城镇燃气作为一种优质能源,当它在我们的掌控之中时,可以给人类的生产和生活提供方便,但是,当系统出现异常时,就会带来一定的危险。

燃气事故的发生遵循一般事故的发生规律,也是由于人的不安全行为,如违章操作、失误操作;物的不安全状态,如燃气燃烧器具及其附属设施超过使用年限、损坏等;环境不良、通风不良、作业空间狭小等。事故系统要素有:人的不安全行为、物的不安全状态、环境不良及管理欠缺。

10.4.1　燃气的危害原因

10.4.1.1　燃气具有易燃、易爆的特性

燃气具有易燃、易爆的特性,属于高度危险的物质,一旦操作、维护不当,致使燃气泄漏,并在相对封闭的空间内积聚,如果达到爆炸极限,遇到明火、电火花、微波等点火源,便会瞬间产生爆炸、爆燃。

天然气、人工煤气、液化石油气因成分不同,其爆炸极限(在空气中的含量)分别为 5% ~15%、5% ~30%、1.5% ~10%。因此,在燃气发生泄漏后,有效控制燃气浓度在爆炸极限之下,是防止发生燃气爆炸、着火事故的主要措施之一。

10.4.1.2　燃气的挥发、扩散性

城镇燃气泄漏时会挥发、扩散;在压力较高时,燃气将高速喷射出并迅速扩散。若形成的蒸气云没有遇到火源,则随着气云逐渐扩散,浓度降低,危害性下降;但如果被引燃,则会发生火灾、爆炸事故,造成人员伤亡和财产损失。

液化石油气发生泄漏时,蒸气云会贴近地面扩散,不易挥发,极易被地面火源引燃。大量液态液化石油气泄漏时,在液化石油气急剧汽化过程中还会迅速吸收周围的热量,局部形成低温状态,可能造成人员冻伤或设备、阀门关闭失灵。

10.4.1.3　燃气的有毒性

燃气在进入城市管网之前,必须严格按照国家标准进行净化处理,以达到规定的要求,方能作为燃料使用。一般来讲,天然气、液化石油气的成分中绝大部分都是无毒或低毒的,不会直接对人体构成危害,但在空气中达到一定浓度后,由于氧气量的减少,会导致人员窒息,产生危害;而人工煤气中含有无色、无味、剧毒的一氧化碳(CO)。因此,如果燃气泄漏到空气中,会导致人员中毒,甚至死亡。

10.4.1.4　烟气的危害

燃气正常燃烧后产生二氧化碳(CO_2)和水,因为烟气的温度高,水会以水蒸气的形式随烟气一起排出室外;当燃气因空气不足、燃烧器具发生故障等原因而不完全燃烧时,烟气中就会有燃气的成分,特别是会产生一氧化碳。如果上述两种情况下,产生的烟气不能顺利排出室外,在有限的空间大量积聚,会使人窒息、中毒。大部分燃气燃烧器具产生的中毒、窒息死亡事故都是燃气热水器等燃烧器具在燃烧时消耗了室内空气,而室内通风不畅,新鲜空气不能得到及时补充,烟气大量积聚,造成严重后果的。

10.4.1.5　职业危害

燃气属于低毒性气体,一般情况下不会对从业人员造成职业危害。但在燃气生产、储存及液化石油气充装等场所,还应根据燃气浓度监测情况,注意对员工的劳动保护。

10.4.2　燃气事故发生的主要特点

10.4.2.1　突然性

燃气因设备、设施导致的泄漏往往不易被人察觉,其在封闭的空间内积聚,一旦达到爆炸极限,遇电火花或者明火便会发生爆炸、爆燃。因此,燃气爆炸事故的发生往往是在无任何先兆的情况下发生的,对人员、财产的安全危害巨大。

10.4.2.2　影响范围广(普遍性)

城镇人口密度大、建筑密集,当城镇燃气设施从城市管网设施输送至千家万户时,任何环节发生燃气泄漏、爆炸、火灾等事故,不会仅停留在一点,灾害会向邻近区域扩散,如果处置不当,还会发生较大的次生事故,导致更大的人员伤亡和财产损失。比如,一幢居民住宅楼中,一户发生燃气爆炸,其爆炸产生的冲击波或火灾完全可能殃及左邻右舍,甚至整个建筑的安全。

10.4.2.3　危害大

燃气事故往往造成人员伤亡和财产损失,如果燃气事故发生在公共场所或重要设施附近,后果更是不堪设想,直接危及整个城镇的正常运转和市民的正常生活。

10.4.2.4　复杂性

燃气,无论是天然气、人工煤气还是液化石油气导致的火灾爆炸事故,其火势发展速度迅猛、燃烧面积大、温度高,给火灾扑救工作带来极大困难。同时,在没有及时切断气源的情况下,还容易引起复燃或爆炸。

10.4.2.5　不可预见性

有些事故是可以根据环境等因素做出预测的。例如,在恶劣的天气里,航空及公路交通事故可能会较多发生,但城镇燃气事故一般与气候等原因无关,任何季节、任何天气情况下,都有可能发生。

10.4.3　燃气事故发生的主要原因

10.4.3.1　燃气设施损坏,导致燃气泄漏

各类燃气设施由于人为或自然损耗等引发燃气泄漏是导致各类燃气事故的主要原因。以居民用户为例,燃气燃烧器具及其附属设施损坏或故障等,是导致燃气事故发生的一个重要因素。国家对燃气燃烧器具的使用、报废都有严格的规定,须认真执行。超期使用易导致燃烧不完全等各类故障,出现安全隐患,甚至酿成重大灾害。再如,连接燃气灶具的软管须使用燃气专用软管或不锈钢软管,特别是塑料软管,须定期更换;否则,易引起燃气泄漏。因此,燃气燃烧器具及其附属设施的安装、维护及使用,须严格按照国家标准、规范进行。

燃气具从售出当日起,人工煤气热水器的判废年限应为 6 年,液化石油气和天然气热水器的判废年限应为 8 年。燃气灶具的判废年限应为 8 年。如生产企业有明示的燃具和配件的判废年限,应以企业明示为准,但不能低于以上规定。

燃气热水器检修后仍发生如下故障之一时,应予以判废:

(1)燃烧工况严重恶化,检修后烟气中一氧化碳含量仍达不到相关标准规定;

（2）燃烧室、热交换器严重烧损或火焰外溢；

（3）漏水、漏气、绝缘击穿漏电。

10.4.3.2　安全意识淡薄，安全管理存在薄弱环节

燃气用户或维修操作人员因缺乏燃气安全使用知识，违章操作，以及在使用燃气设施的场所，违反有关安全管理规定，乱堆乱放易燃易爆物品、私自拆改燃气设施等，也是造成燃气火灾事故的重要原因。

10.4.4　事故等级划分

10.4.4.1　生产责任事故

1. 生产责任事故范围

生产责任事故范围包括因失职、渎职、违章指挥、违章操作造成的可燃气管网停气或超压供气事故，燃气管道或设备损坏及由此引起的漏气、着火、爆炸、中毒事故，燃气储罐负压或超压事故，施工塌方，各种工程机械和电气设备事故等。

2. 等级划分

1）一般事故

（1）燃气管线设备损坏及误操作引起燃气泄漏，未引起着火爆炸等次生灾害或不良社会影响的事故；

（2）居民用户停气 1 000 户以下（含），或停气时间未超过 24 h 的事故；

（3）未影响用户的短时间超压事故；

（4）未造成人员伤亡或设备损坏的塌方事故；

（5）供电设备或电气短路、断路，影响生产不足半日，未造成次生灾害的事故；

（6）直接经济损失在 5 万元以下（含）的事故。

2）重大事故

（1）燃气管线设备损坏及误操作引起燃气泄漏，导致着火、爆炸等次生灾害的事故；

（2）居民用户停气 1 000 户以上 30 000 户以下（含），或居民停气时间在 24 h 以上 48 h 以下的事故；

（3）重点用户或工业企业停气 12 h 以下的事故；

（4）供电设备或电气短路、断路，影响生产半日以上，或引起着火、爆炸等次生灾害的事故；

（5）直接经济损失在 5 万元以上 50 万元以下（含）的事故。

3）特大事故

（1）管线、主要设备严重损坏，引发大范围着火、爆炸的事故；

（2）居民用户停气 30 000 户以上，且居民停气时间在 48 h 以上的事故；

（3）重点用户或工业企业停气 12 h 以上的事故；

（4）居民用户超压 500 户以上，造成用户重大经济损失的事故；

（5）直接经济损失 50 万元以上的事故。

10.4.4.2　生产安全事故

1. 生产安全事故范围

生产安全事故是指企业职工在劳动过程中发生的人身伤害、急性中毒、窒息事故。即职工在本岗位劳动,或虽不在本岗位劳动,但由于企业的设备和设施不安全、劳动条件和作业环境不良、管理不善,以及企业领导指派到企业外从事本企业活动,所发生的人身伤害(轻伤、重伤、死亡)和急性中毒、窒息事故。

2. 等级划分

(1)一般生产安全事故:无死亡;重伤5人以下(不含),造成人员轻伤。

(2)重大生产安全事故:死亡3人以下(不含);重伤5人以上10人以下(不含);死亡、重伤5人以上10人以下(不含)。

(3)特大生产安全事故:死亡3人以上;重伤10人以上;死亡、重伤10人以上。

10.4.4.3　火灾事故

火灾事故范围:生产设备、站房、机动车辆、仓库、办公室着火。

火灾分为特别重大火灾、重大火灾、较大火灾和一般火灾四个等级。

(1)特别重大火灾:指造成30人以上死亡,或者100人以上重伤,或者1亿元以上直接财产损失的火灾。

(2)重大火灾:指造成10人以上30人以下死亡,或者50人以上100人以下重伤,或者5 000万元以上1亿元以下直接财产损失的火灾。

(3)较大火灾:指造成3人以上10人以下死亡,或者10人以上50人以下重伤,或者1 000万元以上5 000万元以下直接财产损失的火灾。

(4)一般火灾:指造成3人以下死亡,或者10人以下重伤,或者1 000万元以下直接财产损失的火灾。

10.4.5　燃气事故的预防措施

10.4.5.1　检查燃气泄漏的方法

燃气设备、管路中最易发生泄漏的部位主要有设备的结合、连接部位及阀门密封部位等。泄漏的原因主要有产品质量差,未定期保养、检修,日常维护差或使用不当等。为了消除安全隐患,应选用合格产品并有必需的备件;遵守维护和保养制度,加强日常维护;遵守安全操作规程,正确使用设备;对有故障的设备不准投入运行;经常进行巡回检查等。检查燃气泄漏的主要方法有以下4种。

(1)利用人体嗅觉进行检查。

按照国家规定,燃气在进入城市管网前必须加臭,这样,一旦燃气泄漏,便会产生刺鼻的臭味,提醒人员立即采取开门窗、关阀门、通知专业维修部门等相应措施。

(2)利用肥皂水进行泄漏检查。

在有燃气泄漏的燃气管道及设施上涂抹肥皂水,会出现冒泡现象,利用这种方法可以检查燃气表、管道接口、阀门、连接软管等处是否漏气。

(3)利用燃气检测仪等工具检查。

这种方法多为专业人员采用。目前,燃气检测仪有便携式和固定式两种。前者用于检查燃气管道系统是否漏气,并可查出燃气泄漏的具体位置;后者多安装在燃气设施集中的房间,如居民厨房,一旦燃气泄漏并达到一定浓度,检测装置就会自动发出警报。

(4)观察燃气表刻度盘进行检查。

在燃气燃烧器具停用的状态下,仔细观察燃气表,如果依然"走字",说明燃气表或表后的管道系统已出现漏气,此时应立即采取相应措施处理。

上述 4 种检查方法既可单独使用,也可同时使用。

10.4.5.2　严格遵守国家相关法规、规范和安全操作规程

燃气易燃易爆,操作使用须严格按照国家相关燃气法规、规范从事相关操作。

为此,燃气燃烧器具安装维修人员必须接受专业知识培训和安全教育,严格依照操作规程进行操作,从根本上杜绝违章指挥、违章操作的现象,才能保证燃气设施运行、维护和使用的安全可靠。在燃气施工作业过程中,应严格注意以下操作要点:

(1)消除不安全的燃气放散。

燃气设备、管路检修中应严格遵守有关安全规定操作,设置检修火炬,或在确保安全的前提下进行燃气放散,不得随意排放燃气。

(2)防止空气渗入燃气设施。

燃气设备、管道系统应确保密封良好,在设备检修降压时,应保持一定的正压,以防止空气渗入设备内形成爆炸性混合气。

(3)设置通风装置。

燃气作业场所应安装通风装置,使空气保持流通,保证燃气浓度在允许范围内。

(4)设置监测、报警装置。

在燃气作业场所应设置监测、报警装置,以便及时发现险情,采取处理措施。

(5)消除着火源。

在燃气生产使用场所可能出现的主要着火源有非防爆电器产生的电火花,电、气焊火花,静电火花,雷电火花,撞击火花,明火及其他着火源等。

对各种着火源要采取严格措施进行消除和控制。主要措施有以下 6 种:

①燃气操作区域内所有电器应使用防爆电器,并定期检查、维修;

②严禁烟火,作业区域内不准吸烟和带入火种;

③检修作业中应防止撞击、摔砸、强烈摩擦等行为;

④作业区检修作业动火或使用非防爆电器,应按危险作业规定执行;

⑤燃气设备、工艺系统采取防静电措施;

⑥工作人员须穿着防静电服装,使用不产生火花的工具。

总之,燃气爆炸事故具有突发性,发生的时间、地点常常难以预料;爆炸事故往往是摧毁性的,一旦发生,便会造成房屋倒塌、设备损坏、人员伤亡。因此,根据爆炸事故的特点,应该提高警惕,克服侥幸、麻痹思想,掌握防爆知识,采取防爆技术措施,建立完善的管理制度,及时消除隐患,才能防止爆炸事故的发生。

【案例】

在实际工作中,非专业人员改动燃气设施不符合安全操作规程的情况时有发生,甚至

造成重大事故,因此必须引起重视。

　　某市一燃气施工队带领非专业人员更换居民楼内燃气锈蚀管。该施工队在做换管施工时,违反操作规程,未按规定试压,在户内燃气水平管与立管连接的三通口处漏气的情况下,违章通气,用明火试火,造成了2名施工人员和1名用户被烧伤的严重后果。

10.5　居民用户的安全用气

　　城镇居民用户缺乏安全使用燃气的意识,使用燃气器具不当,也是造成燃气事故的主要原因。城镇燃气主管部门和燃气企业,应当加强燃气安全知识的宣传和普及,提高居民用户安全意识,积极防范各种燃气事故的发生。

【知识拓展】

　　根据《城镇燃气管理条例》,对居民用户燃气设施和安全用气情况每12个月至少检查1次,并做好记录,发现安全隐患的,应当及时书面告知用户整改。对存在严重安全隐患而用户拒不整改的,燃气企业可以采取停止供气等安全保护措施。

　　隐患的危害:如不能定期安检,必然存在安全隐患,极易造成燃气泄漏,酿成火灾或爆炸伤亡事故。

　　燃气具不合格,容易导致燃烧不完全或燃烧产生的废气不能排往室外或意外熄火后不能关闭灶具等,酿成中毒、着火、爆炸事故。

炉具不合格　　　　　　　　　　热水器不合格

　　胶管老化及被破坏,极易造成燃气泄漏,酿成着火和爆炸伤亡事故。

胶管老化　　　　　　　　　　胶管被老鼠咬破

10.5.1 安全使用燃气的注意事项

管道燃气用户需要扩大用气范围、改变燃气用途或者安装、改装、拆除固定的燃气设施和燃气器具的,应当与燃气经营企业协商,并由燃气经营企业指派专业技术人员进行相关操作。

燃气用户应当安全用气,不得有下列行为:盗用燃气、损坏燃气设施;用燃气管道作为负重支架或者接引电器地线;擅自拆卸、安装、改装燃气计量装置和其他燃气设施;实施危害室内燃气设施安全的装饰、装修活动;使用存在事故隐患或者明令淘汰的燃气器具;在不具备安全使用条件的场所使用瓶装燃气;使用未经检验、检验不合格或者报废的钢瓶;加热、撞击燃气钢瓶或者倒卧使用燃气钢瓶;倾倒燃气钢瓶残液;擅自改换燃气钢瓶检验标志和漆色;无故阻挠燃气经营企业的人员对燃气设施的检验、抢修和维护更新;法律、法规禁止的其他行为;厨房内不能堆放易燃、易爆物品。安全使用燃气的注意事项如图 10-7 ~ 图 10-10 所示。

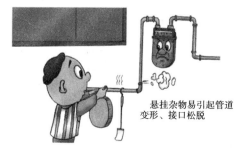

图 10-7　管道上不能悬挂杂物

图 10-8　不私自改装燃气管道

图 10-9　管道气和瓶装气不要混用,已开通管道气的用户不能使用瓶装气

图 10-10　每次使用完毕,应当关闭燃具开关和旋塞阀;如是管道气,长期外出时,牢记关闭入户总阀

【小提示】

(1)使用燃气时,一定要有人照看,人走关火。因为一旦人离开,就有火焰被风吹灭或锅烧干、汤溢出致使火焰熄灭的可能,燃气继续排出,造成人身中毒或引起火灾、爆炸事故。

(2)装有燃气管道及设备的房间不能睡人,以防漏气造成煤气中毒或引起火灾、爆炸事故。

（3）教育小孩不要玩弄燃气灶的开关，防止发生危险。

（4）检查燃具连接处是否漏气，可用携带式可燃气检测仪检测或采用肥皂水检测的方法，如发现有漏气，显示报警或冒泡的部位应及时紧固、维修；严禁用明火试漏。

【知识拓展】

燃气灶连接软管注意事项

（1）要使用经燃气企业技术认定的专用燃气软管，软管与管道、燃具的连接处应采用压紧螺帽（锁母）或管卡（喉箍）固定，在软管的上游与硬管的连接处应设阀门。

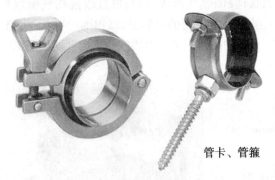

管卡、管箍

（2）将胶管固定，以免晃动影响使用。

（3）要经常检查胶管的接头处有无松动。

（4）要经常检查胶管是否有老化或裂纹等情况，如发现上述情况应及时更换。

（5）灶前软管使用已超过2年的，建议更换。

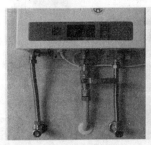

（6）软管与家用燃具连接时，其长度不应超过2 m，并不得有接口。

（7）炉具的水平软管不得高出灶面。

（8）灶前阀安装在灶面上时，灶前阀与炉具的水平净距不得小于300 mm。

（9）软管不能开三通，软管长度不应超过2 m，且不得穿墙、门、窗。

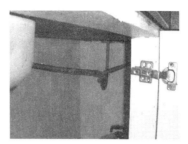

软管长度不超过2 m，每两年更换　　　　燃气软管不能开三通

10.5.2　燃气热水器的安全使用

（1）安装热水器的房间应有与室外通风的条件。

（2）使用热水器必须使烟气排向室外,需要开窗或启用排风换气装置,以保证室内空气新鲜。

（3）在使用热水器的过程中,如果出现热水阀关闭而主燃烧器不能熄灭时,应立即关闭燃气阀,并通知燃气管理部门或厂家的维修中心检修,不可继续使用。

（4）在淋浴时,不要同时使用热水洗衣或作他用,以免影响水温和使水量发生变化。

（5）身体虚弱人员洗澡时,家中应有人照顾,连续使用时间不应过长。

（6）发现热水器有燃气泄漏现象,应立即关闭燃气阀门、打开门窗,禁止在现场点火或吸烟;随后应报告燃气企业或厂家维修中心来检修热水器,严禁自己拆卸或"带病"使用。

10.5.3　户内燃气泄漏时用户应采取的措施

（1）关闭厨房内的燃气进气阀门,关闭灶具阀门。

（2）立即打开门窗,进行通风。

（3）切勿开关任何电闸或电器连接,切勿按动电钟、门铃。

（4）严禁把各种火种带入室内。

（5）进入煤气味大的房间不能穿有钉子的鞋。

（6）通知燃气企业来人检查,但严禁在燃气污染区使用电话,可到非燃气泄漏区拨打电话,如属严重紧急事故,应询问是否通知公安消防部门、物业公司等单位。

（7）切勿以明火寻找漏气点（见图 10-11）。

不能用明火查找燃气的泄漏处

图 10-11　日常用肥皂水涂抹查漏,不可用明火查漏

客户拨打燃气公司抢修热线如图 10-12 所示,燃气泄漏紧急处理程序如图 10-13所示。

图 10-12　客户拨打燃气公司抢修热线

● 漏气处理：
　1.迅速关闭入户阀门。
　2.严禁开、关任何电器和使用电话。
　3.熄灭一切火种。
　4.迅速打开门窗,让燃气散发到室外

图 10-13　燃气泄漏紧急处理程序

【小提示】

客户拨打××燃气公司24 h紧急抢修热线,并提供以下资料:

1.客户的姓名、地址及用户的电话号码;

2.漏气的详情;

3.客户已采取的安全措施。

10.5.4　管道气用户隐患通知单下达后,客户的处理措施

(1)按隐患通知单的电话号码与相关燃气公司预约整改;

(2)整改前要注意保持通风,紧急情况下拨打燃气公司抢修电话;

(3)检查来人的身份及有无燃气安装施工资质;

(4)注意索取相关收据发票。

【知识链接】

管道气常见的安全隐患

(1)燃气设施周边存放有油漆、天那水等易燃、易爆危险品;

(2)安装在室外易遭日晒雨淋的燃气设施未设箱保护(不包括放散阀门);

（3）燃气表、球阀、调压器等设施缺损，燃气表不"走字"，调压器出口压力不正常，燃气阀门操作不灵活；

燃气设施周围有易燃危险品

燃气表装在外面未设箱保护

阀门操作不灵活

（4）旋塞阀安装位置不便于日常操作；

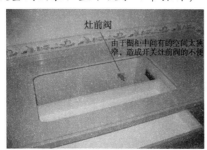

抽屉灶前阀无法开关

吊篮灶前阀无法开关

（5）使用非燃气专用旋塞阀。

非燃气专用旋塞阀

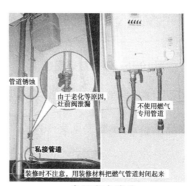

常见安全隐患

10.5.5 液化石油气钢瓶的安全使用

（1）钢瓶必须按国家规定时间进行定期检验,过期不检者严禁使用。

（2）钢瓶内充装的液化气不能超装。

（3）盛装液化石油气的钢瓶要轻拿轻放,禁止摔碰。

（4）液化石油气钢瓶不能倒立或卧放使用。

（5）一般要求钢瓶和灶具的外侧距离应保持在 1~2 m,小于 1 m 或大于 2 m 均属于不安全距离,见图 10-14。

（6）不要将液化石油气罐放在火炉旁,由于液化气受热后体积膨胀,往往会引起爆炸事故。钢瓶的环境温度见图 10-15。

钢瓶与灶具的距离应保持在1~2 m

图 10-14 钢瓶与灶具的距离

防止暴晒,严禁靠近明火,钢瓶周围的温度不能超过40 ℃

图 10-15 钢瓶的环境温度

（7）不要将液化石油气瓶放在盛有热水的容器内或用开水淋烫,以免受热引起爆炸。

（8）不要将液化石油气瓶放置在寒冷的低温场所,因为钢瓶在低温时脆性增强,抗压强度下降,容易破裂。特别是有薄层、锈蚀等缺陷的钢瓶,受到摩擦撞击,就可能发生爆炸。

（9）不得敲砸钢瓶,不要私自倾倒液化气的残液,以免遇到明火引起爆炸(见图 10-16、图 10-17)。

图 10-16 不得敲砸钢瓶

图 10-17 严禁擅自处理气瓶内的残液

10.5.6 居民用户隐患整改分类表

居民用户隐患整改分类表见表 10-1。

表 10-1 居民用户隐患整改分类表

序号	安全隐患内容	整改责任人	采取措施	收费	后续工作	备注
1	燃气具或胶管已拆除（用户不用管道气），未用堵头封堵	安检员	1. 检查并关闭户内球阀。 2. 拆除旋塞阀并用堵头封堵，刷黄漆，拍照。 3. 核对交费与气表数，要求用户交费。气表数少于现表数时，交费气表数，交纳气费	免费封堵	未追回气款由片区安检责任人做好相关记录，继续跟踪落实	拆下的旋塞阀交用户保存，并在作业记录上备注
2	软管连接处连接不良（未用喉箍固定或软管接口连接不紧固）	安检员	先关闭旋塞阀，开燃具，待燃烧完毕，用喉箍固定胶管，通气查漏	免费		安检技术员工具包内配备一定数量喉箍
3	私自用气（未开户或已开户未点火）	安检员、点改员	1. 开具《隐患告知书》。 2. 督促用户现场办理相关手续，否则表前、后两边封堵，拍照，追回气款。 3. 同意整改的按点火标准进行作业	按相关作业标准收费	未追回气款由片区安检责任人做好相关记录，落实	对多次上门（管理处劳证）拒不整改的，停止供气
4	使用非燃气专用胶管	安检员	开具《隐患告知书》，如用户同意付费更换胶管的，则现场整改	托收上门服务费	未整改的由片区安检责任人继续跟踪落实	更换胶管不得收取现金
5	使用非专用燃气阀门或旋塞阀	安检员	开具《隐患告知书》要求用户整改，如用户同意付费整改的，则现场整改处理	按整改材料托收单标准收费	未整改的由片区安检责任人继续跟踪落实	对多次上门（管理处劳证）拒不整改的，停止供气
6	管道气与瓶装气混合使用	安检员	向用户宣传燃气安全管理规定，告知混用的危害性，劝用户使用管道气，开具《隐患告知书》，封堵，刷黄漆并拍照	免费封堵	未整改的由片区安检责任人继续跟踪落实	对多次上门（管理处劳证）拒不整改的，停止供气

续表 10-1

序号	安全隐患内容	整改责任人	采取措施	收费	后续工作	备注
7	自动抄表系统损坏或失灵	安检员	1. 记录机械表读数，核对交费历史记录，追收气款。2. 开具《隐患告知书》，上报班组长通知自动抄表公司上门处理	由自动抄表公司向用户收取	做好记录，跟踪整改情况	
8	其他重大安全隐患（如燃气设施周围存放有油漆,天那水等易燃,易爆危险品）	安检员	1. 开具《隐患告知书》。2. 向用户宣传燃气安全管理规定,告知危害性,劝告用户立即整改	用户自行整改	未整改的由片区安检责任人继续跟踪落实	
9	未通气户内燃气管道末端未安装丝堵	安检员	1. 开具《隐患告知书》。2. 检查并关闭户内球阀,核对表数,用堵头封堵,刷黄漆,拍照	免费封堵		
10	管道系统漏气（含管件,管材,管道连接处）	安检员、维修员	关闭户内球阀,通知抢修人员按急修处理			抢修人员未到现场时,作业人员不得离开
11	燃气设备等漏气（含设施本体及连接处）	安检员、维修员	关闭户内球阀,通知抢修人员按急修处理	按相关作业标准和材料单收费		抢修人员未到现场时,作业人员不得离开
12	调压器器塞或失灵	安检员、维修员	关闭户内球阀,更换调压器并收取费用	按相关作业标准和材料单收费		

续表 10-1

序号	安全隐患内容	整改责任人	采取措施	收费	后续工作	备注
13	用户私自改管	安检员、点改员	1. 开具《隐患告知书》。2. 向用户宣传燃气安全管理规定,告知危害性,劝告用户立即整改。3. 用户同意时通知点改员上门按改管处理	按改管标准收费	未整改的由片区安检责任人继续跟踪落实	拒不整改的,提前 24 h 发出停气通知,予以停气
14	管道严重腐蚀	安检员、点改员	与序号 13 采取措施相同	按改管标准收费	未整改的由片区安检责任人继续跟踪落实	拒不整改的,提前 24 h 发出停气通知,予以停气
15	胶管过期或老化	安检员	开具《隐患告知书》,用户同意付费更换胶管的,现场整改	按改管收费	未整改的由片区安检责任人继续跟踪落实	
16	胶管过长、分三通、穿墙、穿门窗	安检员、点改员	与序号 13 采取措施相同	按改管标准收费	未整改的由安检责任人继续跟踪落实	存在严重隐患拒不整改的,提前 24 h 发出停气通知,予以停气
17	供气设施或管道暗埋或暗敷设不符合国家标准规范要求	安检员、点改员	与序号 13 采取措施相同	按改管标准收费	未整改的由抢修人员继续跟踪落实	
18	供气管道或设施与燃气具等距离不符合国家标准规范要求	安检员、点改员	与序号 13 采取措施相同	按改管标准收费	未整改的由安检责任人继续跟踪落实	存在严重隐患的,提前 24 h 发出停气通知,予以停气

续表 10-1

序号	安全隐患内容	整改责任人	采取措施	收费	后续工作	备注
19	厨房、卫生间、阳台改变用途、导致燃气管道或设施处于卧室或浴室中	安检员、点改气员	与序号13采取措施相同	按改管标准收费	未整改的由安检责任人继续跟踪落实	拒不整改的，提前24 h发出停气通知，予以停气
20	燃气具不合格（包括使用直排式、烟道式热水器，超期使用等）	安检员	1.开具《隐患告知书》。2.向用户宣传燃气安全管理规定，告知危害性，劝告用户立即整改	用户自行更换	未整改的由安检员继续跟踪落实责任人	存在严重隐患的，提前24 h发出停气通知，予以停气
21	管道（含穿墙管）腐蚀	安检员	与序号20采取措施相同	户内管按改管标准收费	未整改的由安检员继续跟踪落实责任人	
22	用气场所通风不良（包括橱柜门、吊顶等未开通风孔）	安检员	与序号20采取措施相同	用户自理	未整改的由安检员继续跟踪落实责任人	
23	其他不安全因素（如燃气管道上悬挂物件、安装在室外的燃气设施未装保护、旋塞阀操作位置不便于日常操作，燃气阀门操作不灵活、燃气设施缺损）	安检员	开具《隐患告知书》，劝说用户立即整改	按标准收费	未整改的由片区安检责任人跟踪落实	

10.5.7　隐患分级

隐患分级内容及处理原则见表10-2。

表 10-2　隐患分级内容及处理原则

隐患分级	隐患内容	处理原则
一级隐患	1. 漏气:包含从立管总阀门到各客户燃气具之间的所有燃气设施、设备出现的漏气现象。 2. 违反国家规定明令禁止条款的户内燃气设施:户内管道燃气表等燃气设施选型、安装违反国家规范明令禁止条款的。 3. 直排式热水器。 4. 热水器无烟道及烟道安装不规范。 5. 胶管破坏、老化、中间有接口、无安装管夹。 6. 管道严重锈蚀:管道出现 4 级或以上的锈蚀。 7. 燃气表严重锈蚀:燃气表出现 4 级或以上的锈蚀。 8. 客户盗气	立即整改,如未能落实整改的,需立即切断燃气供应,同时上报燃气相关主管部门备案
二级隐患	1. 使用旋塞阀:由于户内使用旋塞阀易造成漏气现象。 2. 阀门内漏、无手柄或启闭不灵:阀门内漏,指阀门关闭状态下仍有气体流过;无手柄,指表前阀没有手柄;启闭不灵,指阀门不能正常开关。 3. 私接、私改。 4. 燃气表损坏或计量不准。 5. 燃气管道及设施安装位置不符合安全条件,管道连接材质不规范	应对二、三级隐患做好详细的记录和存档,竭力寻求政府、社区、媒体等多方面的支持,限期完成整改
三级隐患	1. 管道一般锈蚀(3 级或以下)。 2. 燃气表一般锈蚀(3 级或以下)。 3. 燃气管道不牢固及管道穿墙(楼板)不规范:立管、户内管不牢固;管道穿墙(楼板)未安装套管或套管安装不规范。 4. 安全间距不够或使用环境通风不良。 5. 燃气表超期(以天然气为介质的燃气表使用期限不超过 10 年,以人工煤气、液化石油气为介质的燃气表使用期限不超过 6 年)。 6. 燃气表无防护箱(指户外燃气表裸装,无防护箱保护)	

10.5.8　燃气管道锈蚀程度分类

1 级:正常。

2 级:轻微生锈——燃气管锈蚀至呈现黄色锈渍,镀锌管表层轻微脱离。

3 级:中度生锈——燃气管锈蚀至呈现咖啡色,镀锌管表层部分脱落,管身开始起泡。

4级:严重生锈——燃气管锈蚀至呈现深咖啡色,部分表层出现龟裂及脱落,但没漏气,见图10-18。

5级:极严重生锈——燃气管锈蚀至呈现深咖啡色,大部分表层出现龟裂及脱落,但没漏气,见图10-19。

6级:漏气。

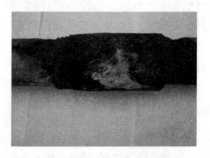

图 10-18　严重生锈　　　　　　　图 10-19　极严重生锈

10.6　燃气紧急事故处理

10.6.1　紧急事故处理的原则

(1)所有抢险事故必须超越其他工作,列为最优先处理事故。

(2)所有抢险事故应尽可能在下列目标时间内到达现场:

①严重/未受控制的气体泄漏——30 min;

②已被控制的气体泄漏——12 h。

若客户的覆盖区域超出此范围,则应增设不同区域的抢险队伍,以满足按时到达事故现场的要求。

(3)配备足够人力资源及设备,配合相应协调及监察进行的各项抢修工作。

(4)在处理抢险事故时,应依照以下的先后次序进行:①保障生命;②保障财产;③找出及修理气体泄漏;④在现场做最后调查;⑤找出抢险事故的起因及做出报告。

(5)抢险事故优先处理次序:

①气体泄漏—火警—爆炸;

②气体供应中止—供应不稳定—区域压力过高或过低;

③不安全的炉具或燃气装置;

④医院的燃具或燃气设施损坏或失效;

⑤工商业客户的燃具损坏或失效。

注:处理抢险事故的先后次序,还须根据常识及专业知识进行判断,因为有些不属于以上任何一类的突发事件也须紧急处理。

10.6.2　紧急事故分类

从管理角度而言,各项紧急工作,可分为严重紧急事故及一般紧急事故两大类。

10.6.2.1 严重紧急事故

（1）所有来自消防局或公安局抢险事故报告的事故；

（2）不受控制的气体泄漏——关闭燃气表控制阀也不能确定可以制止的燃气泄漏；

（3）致命或非致命的伤人事故；

（4）涉及爆炸或火灾的事故；

（5）燃气供应中止，影响到整栋大厦或单位区域。

10.6.2.2 一般紧急事故

（1）已受控制的气体泄漏。

已受控制的气体泄漏是指虽然泄漏气体的地方仍未修理妥当，但因客户关闭燃气表控制阀而暂时停止的气体泄漏。当处理由电话投诉的燃气泄漏事件时，应反复询问致电者，确定该泄漏已被制止。

（2）只影响单一用户的燃气供应中止。

10.6.3 紧急事故工作程序

（1）接到抢险事故报告时，抢险热线/客户服务热线须通知抢险部门，以采取适当行动。

①严重的抢险事故须由抢险工程师及技术员到达现场处理。如发生或怀疑有严重/不受控制的燃气泄漏，抢险热线/客户服务热线必须及时通知消防局及公安局。

②一般紧急事故由抢险技术员处理。

（2）当同一地点有两个及以上人士致电报告气体泄漏时，此事件应立即升级为严重紧急事故，抢险热线/客户服务热线必须立即通知消防局及公安局。

（3）如紧急事故涉及地下管网，抢险热线/客户服务热线应立即通知管网部门主管人员，以便派出管网抢修人员前往现场。

（4）当抢险人员抵达现场，并将事件界定为严重紧急事故时，应立即通知抢险热线/客户服务热线、抢险工程师及经理，使其将有关详情通知消防局及公安局。

（5）当有需要时，如客户受影响，客户服务人员亦须加入管网抢修工程队工作。

注：燃气供应中止时，可视情况决定是否通知消防局及公安局。

10.6.4 抢修一般规定

根据《城镇燃气设施运行、维护和抢修安全技术规程》（CJJ 51—2006）相关规定，抢修一般规定如下：

（1）所有抢修人员需进行专门的培训，持证上岗。

（2）抢修队伍配备的所有抢修车辆、机具和检测仪器必须工作状态良好。

（3）抢修队伍必须在接警后尽快到达事故现场。

（4）城镇燃气设施抢修应制订应急预案，并应根据具体情况及时对应急预案进行调整和修订。应急预案应报有关部门备案，并定期进行演习，每年不得少于 1 次。

10.6.5 燃气管网抢修抢险基本流程

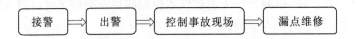

接警 → 出警 → 控制事故现场 → 漏点维修

10.6.5.1 接警

接警的步骤或程序如下：

(1)负责接听电话的人员(接线员)应在铃声响起 3 声之内接听电话。

(2)接听报警电话时,详细询问事故地点,有无泄漏、火灾、爆炸,报警人姓名和联系电话等信息,对报警内容重复确认后,予以记录。

(3)接线员应根据报警的事故地址,在 2 min 内将事故的基本信息通知到负责该事故区域抢修的抢修点。

(4)抢修点人员接到报警信息后,应予以确认。

(5)接线员未接到抢修点对报警信息的确认时,应再次将报警基本信息传送到抢修点。

【知识链接】

城镇燃气供应单位应设运行、维护和抢修的管理部门,并应配备专职安全管理人员;应设置并向社会公布 24 h 报修电话,抢修人员应 24 h 值班。运行、维护和抢修及专职安全管理人员必须经过专业技术培训。

抢修队员通信工具须 24 h 保持畅通。

接警后,应根据报警信息对事故等级做出初步判断。若为轻微或一般燃气泄漏事故,应立即通知抢修值班人员赶往现场;若为严重泄漏或因燃气泄漏引起的其他严重事故,应立即启动公司应急预案。

10.6.5.2 出警

1.着装准备

接警后,参与抢修的抢修队员必须按要求穿戴公司统一发放的劳动安全防护用品(防静电服、工作鞋、反光背心、防护手套及安全帽等),且干净整洁,佩戴工作证,见图10-20。

【小提示】

根据事故现场的实际情况,个人的防护用品可适当增加雨鞋、防火服、防水服、护目镜、安全带、防静电鞋、正压呼吸器、雨衣等。

2.人员车辆准备

接到抢修信息后,抢修人员、车辆应做好出动准备。

【小提示】

抢修人员、车辆出动按照就近、最快到达现场的原则,负责值班的抢修队员、车辆应随时处于待命状态。

图 10-20　抢修人员着装

3. 设备材料装车

抢修人员迅速将抢修所需材料、设备、机具装车,包括抢修设备及工具、抢修材料、电源及照明设备、开挖工具等,见图 10-21。

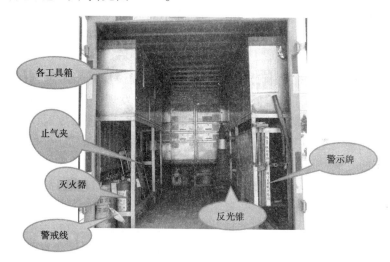

图 10-21　抢修材料、设备、机具装车

10.6.5.3　控制事故现场

抢修队员根据现场指挥的分工及安排立即使用燃气检测仪器测量现场地面及其他管道井内燃气浓度,确认燃气扩散的范围,并将检测结果通知现场指挥,填写相关记录表。根据现场的风向及现场环境等实际情况,以燃气浓度低于爆炸下限的地方向外扩张 10 ～ 30 m 作为警戒区。使用燃气抢修标志带作为警戒标志,并用抢修车辆上的警灯作为警示。

10.6.5.4　警戒与疏散

抢修人员在确认有燃气泄漏后,应根据燃气泄漏程度确定警戒范围,并将警戒范围圈成封闭区域,禁止外来火种进入抢修现场。在现场警戒的同时,及时疏散现场无关人员,防止无关人员及车辆进入警戒范围,必要时应立即联系公安、消防等相关部门协助抢修队疏散人员、疏导交通和进行现场警戒,见图10-22。

图 10-22　现场警戒

　　抢修人员到达抢修现场后,在布置事故现场警戒、控制事态发展的同时,应积极救护受伤人员。

　　警戒时,以事故点为中心,警戒人员按东、南、西、北四个方位分布警戒。用浓度检测仪检测报警的区域,下风向根据风力大小相应向外围扩大。

　　警戒范围内严禁烟火,需专人值守。在警戒范围的边角上放上警示锥,将警示带系于警示锥上(也可直接系于现场的固定物体上),在不同方向,距离警戒范围3~5 m的显眼位置放置"燃气抢修　请勿靠近"等警示牌。在警戒范围外侧的显眼、有利位置放置灭火器等消防灭火器材。

　　警戒的同时还要求做好交通疏导工作,夜间还要增设反光指示牌、灯等疏导指示工具。警示带的高度不能偏高或偏低,以1 m左右为宜。发现一个泄漏区域就警戒一个区域,如扩大检测范围,另外警戒。当发现泄漏气体浓度超过报警浓度时,必须立即对该区域进行警戒。在警戒完成后,警戒人员要立即采取措施熄灭警戒范围内及周边的一切火种。随着事态的发展、泄漏范围的扩大,警戒范围必须及时扩大。

　　疏散时,将人员向上风向安全地带疏散,可根据情况采取口头引导疏散、广播引导疏散、强行引导疏散等方式。在疏散时,要求疏散指挥人员首先确认事故中的疏散方向,然后按照疏散路线疏散人员。如果可能威胁周边地域,现场指挥应当和当地有关部门联系,协助引导疏散。疏散人员在引导无关人员有序疏散后,应检查自己负责区域,在确保无人员滞留后方可离开。事故升级时,疏散范围要及时扩大。

【小提示】

　　在存在危险的气体、蒸气、雾、烟、尘、氧气不足或温度极高的地方,必须装设机械通风设备,确保空间空气对流,排除有害气体及可燃气体,确保氧气含量充足。

10.6.5.5　抢修作业现场的安全防护

　　进入抢修作业区的人员应按规定穿防静电服、戴防护用具,衬衣、裤均应是防静电的,而且不应在作业区内穿、脱防护用具(包括防护面罩及防静电服、鞋),以免在穿、脱防护用具时产生火花,作业现场操作人员还应互相监护。

　　在作业区燃气浓度未降至安全范围时,如使用非防爆型的机电设备及仪器、仪表等有可能引起爆炸、着火事故,因此如需在作业区内使用时,一定要保证混合气体浓度在安全范围之内。在泄漏点维修作业过程中,也要实时进行维修点的浓度检测并做好记录,如要进入有限空间进行抢修作业,还需办理"进入有限空间作业现场许可证"及填写有限空间作业气体检测表。

10.6.5.6　事故管段降压

现场指挥人员应根据情况决定是否要关闭相关的控制阀门,并进行降压,降压时放散火炬应置于远离泄漏点、经检测燃气浓度确认安全的地方。

根据电脑 GIS 系统、AutoCAD 系统以及图纸等确认控制阀门编号、位置,停气范围及受影响用户数量。决定关阀停气,应由抢修中心通知受影响的居民和单位用户。

当事故现场为一般泄漏事故时,可采取降压输送的方式来确保事故不再扩展;当现场发生严重泄漏或火灾爆炸事故时,须即时关闭上下游阀门控制泄漏,在阀门两端设置压力监控点,如一级阀门无法密闭,迅速扩大停气范围,关闭二级阀门,待管道压力降为 0 时再实施抢修作业。抢修作业时,与作业相关的控制阀门必须有专人值守,并监视其压力。

1. 控制阀门

(1)确认事故片区内市政阀门位置准确;

(2)必须与调度中心进行二次确认;

(3)关闭阀门时,必须两人以上,并由现场监护确认;

(4)填写《施工作业阀门操作记录表》;

(5)在关闭阀门、切断气源的同时,必须通知调度中心;

(6)在事故管段停气影响用户的正常用气达到 48 h 以上时,必须通知客户服务分公司相关部门采取临时供气方式保证用户的正常用气。

2. 燃烧放散

燃烧放散见图 10-23。通过放散或用户自然用气降低事故管段压力,保持事故管段压力在 0.03 MPa 左右。

图 10-23　燃烧放散

管道放散操作时要求如下:

(1)放散点应设置警戒区,配置灭火器,设置警示标志(包括警示牌、反光锥、闪灯)。

(2)放散点应选择在地势开阔、通风及人员稀少地带,避开居民住宅、明火、高压架空电线等场所,当无法避开居民住宅等场所时,应采取防护措施。

(3)有两种途径进行放散:其一,将放散管设置在凝液缸、阀门井或放射井等处进行放散;其二,可将放散管装在上升管阀门下放散阀处进行放散。

(4)保证放散点空旷,放散口上方不得有电线、电缆等设施或其他易燃物(如树枝等);排放点下风向 20 m、上风向 15 m 范围内应设专人监护,放散口位于居民住宅下风向时的最小间距为 10 m,放散管火焰距离地面 1.5 m 以上,并应设置阻火器和控制阀。

(5)如放散点设置在机动车道上,应按交通法规要求(一般要求设置距离为 50～100 m)设置施工警示标志(包括警示牌、反光锥),夜间作业还需安装闪灯。

(6)放散燃烧作业前半小时,必须事先电话通知 110,避免引起误报。

3. 压力监控

抢修人员需设置外、内围压力监控点,对外、内围管网进行压力监控,以确保内围压力及外围管网供气正常,同时可避免超出本次作业范围的燃气用户发生停气事故,并填写《地下管网压力监控记录表》。

【小提示】

抢修人员进入事故现场,应立即控制气源、消灭火种。切断电源,驱散积聚的燃气。在室内应进行通风,严禁启闭电器开关及使用电话。

作业时,与作业相关的控制阀门必须有专人值守,并监视其压力。

当抢修中暂时无法消除漏气现象或不能切断气源时,应及时通知有关部门,并做好事故现场的安全防护。

管道和设备修复后,应对夹层、管井、烟道、地下管线和建(构)筑物等场所进行全面检查。

当事故隐患未查清或隐患未消除时不得撤离现场,应采取安全措施,直至隐患消除。

10.6.6 室内燃气系统泄漏的处理

10.6.6.1 室内燃气泄漏的一般处理步骤

(1)果断关闭离事故现场最近的燃气阀门,切断气源;

(2)保证空气流通,降低泄漏区内燃气浓度;

(3)确定警戒区域,进入警戒时可请求交警、城管等部门及时封闭;

10.1 连接压力计

(4)疏散人员,防止可能出现的中毒或爆炸;

(5)通知燃气公司,查找漏气原因;

(6)正确处理,消除事故按照国家规范及各公司的规定进行,严禁违章操作,禁止单人作业;

(7)不准开关任何电器;

(8)不准按动电钟、门铃及在燃气积聚地点使用电话;

(9)不准吸烟,熄灭所有明火。

【小提示】

(1)接到用户泄漏报修后应立即派人检修。

本页视频资料来源于港华燃气有限公司。

（2）严禁用明火查漏。应准确判断泄漏点，彻底消除隐患，当未查清泄漏点时，不得撤离现场，应采取安全措施，直至隐患消除。

（3）漏气修理时，应避免由于检修造成其他部位泄漏，应采取防爆措施，严禁使用能产生火花的工具进行作业；

（4）修复供气后，应进行复查，确认安全后，抢修人员方可撤离事故现场。

10.6.6.2　室内燃气管道系统泄漏处理

（1）接警人员尽可能详细了解现场的有关情况，如泄漏部位、泄漏量等，并指导客户关闭入户阀门，打开门窗进行通风，勿开关任何电器设备。

（2）抢修人员到达现场后，应敲门进户，严禁使用门铃、对讲机或电话通知用户。抢修人员进户后迅速关闭表前阀，打开门窗通风，探测燃气浓度。

（3）燃气浓度达到爆炸下限，即刻关闭上游控制总阀，控制气源，将管道内剩余气源在安全地点排放；设置安全警戒范围，疏散警戒范围内的无关人员，严格控制警戒范围内的所有火源，杜绝一切可能出现火源的操作；同时，在安全地点上报相关负责领导，必要时报 119 请求消防部门支援。

（4）燃气浓度未达到下限时，打开门窗进行通风，请户内无关人员离开抢修现场。

（5）对户内燃气管道加压到 4 000 Pa，试压查找漏气点。

（6）燃气具发生泄漏，确认关闭阀门后，在保持通风的情况下，将连接设备的阀门卸下，用堵头将管道末端封堵，待燃气具维修试压合格后，重新通气点火。

10.2　气密测试

（7）若软管漏气，更换软管，气密性试压合格后再连接燃气具，通气点火。

（8）管道连接丝扣泄漏，确认表前阀关闭，将管道内余气用软管引至安全地点排放。在保持现场通风良好、避免燃气积聚的情况下，拆卸管道至泄漏点，重新安装完毕经气密性试验合格后，再连接燃气具，通气点火。

（9）镀锌管或管件本体漏气，确认阀门关闭后，更换漏气管段或管件，重新安装管道试压合格后通气点火。

10.3　灶前阀内漏测试

（10）灶前阀、流量表、调压器等设备损坏，确认阀门关闭后，更换损坏设备，试压合格后通气点火。

10.6.6.3　户内燃气表前阀泄漏处理

（1）关闭上游控制总阀，切断气源，在阀门处应悬挂"燃气维修禁止开启"警示牌或现场留人监护。

（2）通知小区管理处，张贴《临时停气通知单》，告知客户具体停气时间、停气范围及停气期间的相关注意事项，指导客户采取正确措施，确保停气与供气的安全，并电话通知公司停气地址、范围、预计恢复供气时间及采取的应急措施，同时向上级领导汇报具体情况。

10.4　表前阀内漏测试

本页视频资料来源于港华燃气有限公司。

（3）将主立管内残余燃气引至安全地点排放。

（4）确认现场安全,更换泄漏的表前阀。

10.5 置换空气

（5）在表前阀处连接压力计向主管内加压至4 000 Pa,观察压力变化情况,压力稳定后开启关闭的上游控制总阀,在主立管末端将管道用燃气置换,恢复主管道的正常供气。

（6）恢复室内管道系统,对室内管道系统试压合格后通气点火。

10.6.6.4 室内燃气火灾或爆炸事故处理

（1）接警人员尽可能详细了解现场的有关情况,如爆炸范围、人员伤亡、损失情况,并指导用户关闭有关阀门,控制气源,防止发生二次爆炸。

（2）抢修人员迅速到达现场,确保表前阀关闭或上游控制总阀关闭,切断气源,控制火势的进一步蔓延,可用干粉灭火器扑灭初期火灾。

（3）设立警戒范围,维持现场秩序,疏散警戒区内人员,配合消防部门做好警戒工作,防止无关人员进入警戒范围。

（4）如果泄漏无法控制,火势继续蔓延,则扩大警戒范围,疏散警戒区内无关人员,配合消防部门做好警戒工作,防止无关人员进入警戒范围。

（5）向上级领导汇报现场的具体情况并请求支援。

（6）通知停气范围内管理处具体情况及处理程序,张贴《临时停气通知单》,告知客户具体停气时间、停气范围及停气期间的有关注意事项,指导客户采用正确措施,确保停气与供气安全,并电话通知公司停气地址、范围、预计恢复供气时间及采取的应急措施。

（7）面对其他人员的询问,态度不卑不亢,不得发表任何关于火灾情况的言论,告知其他人员具体情况可向有关部门负责人了解。

（8）火灾扑灭,进入现场后,保护现场,查找事故的原因并对现场的证据拍照取证,但不得自行破坏事故现场。

（9）配合有关部门查找事故原因,根据现场情况按照现场相关领导的指挥操作。

（10）事故现场处理后,对停气范围内的燃气管道系统进行气密性试验,合格后恢复通气。

10.6.6.5 已受控制的燃气泄漏——不安全的炉具及燃气装置泄漏

（1）对炉具及燃气装置进行气密性测试。检查炉具的点火系统、火种、炉头、安全装置及燃烧状况,燃气装置的完整性及一般情况。此外,检查烟道系统是否完好。如查到气体泄漏点,应加以修复,如无法修复,则采取以下措施:

10.6 灶具安全装置测试

①截断炉具燃气供应,在炉具合适位置张贴"禁止使用"提示标贴及发出《隐患整改通知书》给有关单位/客户;

②关闭燃气表控制阀,部署下一步的修复行动,向客户解释此情况,向抢险工程师报告。

（2）与燃具设施有关的事故处理。

①故意或意外吸入不完全燃烧后的废气、未燃气体而产生的致命或非致命严重事故。

本页视频资料来源于港华燃气有限公司。

②由燃气爆炸、火警而引致的致命、非致命、财产损失等严重事故。

燃具事故处理应按《燃气燃烧器具安装维修管理规定》(建设部令第 73 号)第二十九条处理,包括在事故现场立即切断气源,采取通风、防火等措施,并向有关部门报告,然后按国家规定进行调查。

③燃具用户发生意外事故时,抵达事故现场后,必须采取以下的行动:

A. 如嗅到燃气味,应立即切断燃气气源,关闭燃气表控制阀,打开门窗,严禁启闭电器;

B. 检查有无人员受燃气影响,如有需要,将伤员抬到空气流通处急救或立即送往医院救治;

C. 检查燃具控制阀是否关闭;

D. 在关上燃气表控制阀的前提下,维持所有炉具原状,其他如户内管、管件等亦不可移动及带走,维持原状;

E. 将情况告知抢险工程师、抢险经理。

④第一见证人应保护好现场,立即通知有关部门勘查现场,封存燃具。重大事故应按有关规定进行,由有关部门组成事故调查组进行调查处理。

⑤处理燃具事故时,应按与燃具有关的规章、标准,对事故做出四个技术鉴定证书。

A. 燃具安装现场的安全检查;

B. 燃具使用和维修;

C. 燃气供应质量;

D. 燃具质量。

⑥事故燃具检验时,应将事故燃具清除异物后,按不同事故类型进行检测:

A. 一氧化碳中毒事故:

a. 燃具的气密性;

b. 火焰的稳定性;

c. 烟气中一氧化碳含量。

B. 燃气泄漏引起的事故:

a. 检测燃气管道和燃具连接管的气密性;

b. 燃具燃气入口在 4.2 kPa 空气压力下,泄漏量应小于 0.07 L/h;

c. 交流电击事故,按产品相关标准明示的规定检验。

⑦测量现场及绘草图,检测烟道及烟道末端,记录意外发生时有关烟道或空气流通情况,同时列出炉具位置及受害者位置。记下立管、燃气表及有关户内管尺寸,包括炉具型号、使用及安装年份。和有关人士洽谈,向公安、消防部门取得更详细的资料。如伤者已送医院诊治,向医院了解伤者情况。

⑧如炉具/燃气装置已被停止燃气供应,通知客户及客户服务人员以安排修复工作,但此工作必须于公安/事故调查组在现场完成事故调查后方可进行。

⑨立管/燃气装置已暂时修妥及无漏气,应安排永久性修复工作。

⑩抢险工程师/抢险经理应填写事故报告。

10.6.7 抢修工程记录

10.6.7.1 抢修工程记录的内容

抢修工程记录应包括下列内容：

(1)事故报警记录；

(2)事故发生的时间、地点和原因等；

(3)事故类别(中毒、火灾、爆炸等)；

(4)事故造成的损失和人员伤亡情况；

(5)参加抢修人员情况；

(6)抢修工程概况及修复日期。

10.6.7.2 抢修工程的资料

抢修工程的资料应包括下列内容：

(1)抢修任务书(执行人、批准人、工程草图等)；

(2)动火申报批准书及相关危险作业工作许可证；

(3)抢修记录；

(4)事故报告或鉴定资料；

(5)抢修工程质量验收资料和图档资料。

第11章 岗位考核大纲及题库

11.1 岗位考核大纲

11.1.1 职业概况

11.1.1.1 职业名称

燃气具安装维修工。

11.1.1.2 职业定义

使用专用工具、设备进行燃气灶具等民用燃气燃烧器具及附属设施的安装、调试、维护、修理和改装的工作人员。

11.1.1.3 职业等级

燃气具安装维修工(国家职业资格五级)、燃气具安装维修工(国家职业资格四级)、燃气具安装维修工(国家职业资格三级)。

11.1.2 基本要求和相关知识

11.1.2.1 职业素养

1. 职业道德基本知识

(1)职业道德的特征;

(2)职业道德的表现形式。

2. 职业守则

(1)燃气具安装维修工的职业守则;

(2)爱岗敬业、文明操作、安全至上的具体表现。

3. 客服礼仪

(1)座次礼仪;

(2)电话礼仪;

(3)名片礼仪;

(4)语言礼仪;

(5)仪表礼仪;

（6）上门服务礼仪。

11.1.2.2 基础知识

1. 识图知识
2. 电工基础知识
3. 燃气应用基础

11.1.2.3 燃气具安装

1. 燃气具的安装
2. 燃气具通气点火及调试
3. 燃气具保养及使用注意事项

11.1.2.4 燃气具维修

1. 民用燃气具的日常维护
2. 民用燃气具的常见故障判断与维修
3. 民用燃气具的常见故障检测

11.1.2.5 民用燃气具的改装

1. 民用燃气灶具改装计算
2. 民用燃气热水器改装部位的判断

11.1.2.6 燃气泄漏应急处理及安全管理

1. 燃气安全和消防
2. 燃气简单泄漏处理

11.1.3 鉴定内容

11.1.3.1 理论知识鉴定内容

项目	鉴定范围	鉴定内容	鉴定比重（%）	备注
基本要求（30%）	职业素养	1. 职业道德基本知识； 2. 职业守则； 3. 客服礼仪	5	
	基础知识	1. 识图知识； 2. 电工基础知识； 3. 燃气应用基础	25	

项目	鉴定范围	鉴定内容	鉴定比重（%）	备注
相关知识（70%）	燃气具安装	1.燃气具的安装； 2.燃气具通气点火及调试； 3.燃气具保养及使用注意事项	20	
	燃气具维修	1.民用燃气具的日常维护； 2.民用燃气具的常见故障判断与维修； 3.民用燃气具的常见故障检测	30	
	民用燃气具的改装	1.民用燃气灶具改装计算； 2.民用燃气热水器改装部位的判断	10	
	燃气泄漏应急处理及安全管理	1.燃气安全和消防； 2.燃气简单泄漏处理	10	

11.1.3.2　专业能力鉴定内容

项目	鉴定范围	鉴定内容	鉴定比重（%）	备注
能力要求（100%）	燃气具安装	1.民用燃气热水器安装； 2.民用燃气热水器通气点火及调试	50	
	燃气具维修	民用燃气热水器的故障判断与维修（设置不同故障）	50	

11.2　题库及答案

一、题库

（一）单项选择题

1.下列关于职业道德的说法不正确的是（　　）。

　　A.具有明显的行业特征、时代性、历史继承性和相对稳定性

　　B.它与职业纪律紧密结合,具有明确的规范性

　　C.它是全体公民在社会交往和公共生活中应该遵守的行为准则

　　D.它是人们在职业活动中应当遵循的具有职业特征的道德要求和行为准则

2.下列不属于职业对于个人的意义的是（　　）。

1~50 题

  A. 维持生活   B. 发展个性

  C. 打发时间   D. 承担社会义务

3. 下列符合电话礼仪的是(   )。

  A. 吃饭时间给别人打电话 B. 睡觉时的电话打扰

  C. 手机短信不署名   D. 公共场合尽量轻声通话

4. 关于一个人和多人握手的顺序表述不正确的是(   )。

  A. 由远及近   B. 由尊而卑   C. 由近而远   D. 顺时针方向

5. 工程常用的投影法分为(   )和平行投影法两大类。

  A. 正投影法   B. 斜投影法   C. 中心投影法   D. 梯度投影法

6. 正投影的基本特征是真实性、积聚性和(   )。

  A. 类似性   B. 不确定性   C. 确定性   D. 度量性

7. 由形体的前方向后方投射,在正面上得到的投影称为(   )。

  A. 水平面投影   B. 正面投影   C. 侧面投影   D. 底面投影

8. 图样上的尺寸,标高的单位是(   )。

  A. mm   B. cm   C. m   D. km

9. 消除导体上的静电常用下列(   )方法。

  A. 静电中和   B. 增加空气湿度   C. 降低电阻率   D. 接地

10. 大小和方向随时间的变化而变化的电流称为(   )。

  A. 直流电   B. 交流电   C. 静电   D. 感应电

11. 几个电阻首尾相连,使电流只有一条通路,这种连接方式称为电阻的(   )。

  A. 串联   B. 并联   C. 混联   D. 通联

12. 人工煤气主要分为油制气、气化煤气和(   )。

  A. 天然气   B. 沼气   C. 干馏煤气   D. 液化石油气

13. 各种有机物质在隔绝空气的条件下发酵,在微生物的作用下经生化作用产生的可燃气体称为(   )。

  A. 天然气   B. 石油伴生气   C. 沼气   D. 煤层气

14. 家用燃气灶主要由供气系统、燃烧系统、辅助系统和(   )四部分组成。

  A. 供水系统   B. 电力系统   C. 安全控制系统   D. 排气系统

15. 下列燃气中,密度比空气重的是(   )。

  A. 天然气   B. 人工煤气   C. 液化石油气   D. 沼气

16. LNG 指的是(   )。

  A. 液化天然气   B. 压缩天然气   C. 代天然气   D. 液化石油气

17. 液态天然气的体积是气态时的(   )倍。

  A. 1/600   B. 1/250   C. 150   D. 600

18. 人工煤气质量指标中,对焦油和灰尘的要求是应小于(   )mg/Nm^3。

  A. 10   B. 8   C. 2   D. 1

19. 代天然气的相对密度(   )。

  A. 大于 1   B. 小于 1   C. 等于 1   D. 小于或等于 1

20. 压缩天然气是指在常温下,将低压天然气经过压缩机压缩至高压力状态的天然气。压缩后的天然气体积可缩小约( )。

　　A. 1/100　　　　　B. 1/10　　　　　C. 1/250　　　　　D. 1/500

21. 1 标准立方米燃气完全燃烧后,烟气被冷却至原始温度,而其中的水蒸气以蒸汽状态排出时所放出的热量为该物质的( )。

　　A. 凝结热　　　　B. 气化潜热　　　　C. 高热值　　　　D. 低热值

22. 液化石油气的热值约为 25 000 kcal/Nm³(1 kcal = 4.186 8 kJ),换算为单位 kJ/Nm³,是( )kJ/Nm³。

　　A. 90 000　　　　　　　　　　　　B. 11 000

　　C. 14 000　　　　　　　　　　　　D. 105 000

23. 弹簧管在压力作用下变形,自由端产生位移的压力表是( )。

　　A. 波纹管压力表　　B. 弹簧管压力表　　C. 弹簧压力表　　D. 膜片压力表

24. 液化石油气的爆炸极限是( )。

　　A. 1.5% ~ 9.5%　　B. 5% ~ 15%　　C. 5% ~ 36%　　D. 5% ~ 40%

25. 燃气灶的厨房内与对面墙之间应有不小于( )m 的通道。

　　A. 0.5　　　　　B. 0.6　　　　　C. 0.8　　　　　D. 1

26. 嵌入式燃气灶的灶台高度宜为( )cm。

　　A. 50　　　　　B. 60　　　　　C. 70　　　　　D. 80

27. 燃气灶具与燃气流量表水平净距应大于( )cm。

　　A. 10　　　　　B. 60　　　　　C. 30　　　　　D. 40

28. 明装的绝缘电线或电缆与燃气灶具的水平净距应不小于( )cm。

　　A. 30　　　　　B. 20　　　　　C. 40　　　　　D. 50

29. 燃气灶具安装前,应对其完整性进行检查,包括对燃气灶具附件的检查,以下哪项不属于附件检查的内容? ( )

　　A. 旋钮　　　　　B. 电源线　　　　　C. 电池　　　　　D. 火盖

30. 燃气灶具的供气支管末端应设专用手动快速式切断阀,切断阀的供气支管应采用管卡固定在墙上,切断阀及灶具连接用软管的位置应低于灶具灶面( )mm 以上。

　　A. 10　　　　　B. 15　　　　　C. 20　　　　　D. 30

31. 从燃气灶具顶部排烟或设置排烟罩排烟时,其上部应有不小于( )cm 的垂直烟道方可接水平烟道。

　　A. 10　　　　　B. 15　　　　　C. 20　　　　　D. 30

32. 燃气灶具熄火保护装置开阀时间不超过( )s。

　　A. 15　　　　　B. 20　　　　　C. 25　　　　　D. 30

33. 燃具与可燃的墙壁、地板和家具之间应设耐火隔热层,隔热层与可燃的墙壁、地板和家具之间间距宜大于( )mm。

　　A. 5　　　　　B. 6　　　　　C. 8　　　　　D. 10

34. 地上室内低压燃气管道气密性试验压力为 5 000 Pa,用( )方法检查各连接部位,无泄漏后稳定 10 min,用 U 形水柱压力计观察,压力计读数不下降为合格。

A. 涂刷肥皂水　　　　B. 外观目测　　　　C. 精密压力表　　　　D. 温度计

35. 室内燃气管道采用（　　　）置换空气的方法操作简单、费用省、安全有保障、效果好。

A. 氮气　　　　　　B. 燃气　　　　　　C. 二氧化碳　　　　D. 水

36. 关于燃气灶具燃烧工况说法不正确的是（　　　）。

A. 正常燃烧工况为火苗呈蓝色,不离焰,不回火

B. 离焰可能是燃气压力偏低引起的

C. 回火可能是燃烧器内有杂物引起的

D. 黄焰可能是一次空气混合不足引起的

37. 燃气灶具点火针积碳时,燃气灶具点火（　　　）。

A. 更容易　　　　　B. 更难　　　　　　C. 不受影响　　　　D. 不能确定

38. 燃气灶具热电偶积碳时,需用（　　　）进行清理。

A. 砂纸　　　　　　B. 干抹布　　　　　C. 肥皂水　　　　　D. 酒精

39. 燃气灶具热电偶受潮时,会导致（　　　）。

A. 没有电火花,点不着火　　　　　　　　B. 有电火花,点不着火

C. 能点着火,但留不住火　　　　　　　　D. 能点着火,而且留得住火

40. 燃气用户表前阀的手柄与管道平行时,表示表前阀处于（　　　）状态。

A. 打开　　　　　　B. 关闭　　　　　　C. 半开　　　　　　D. 不能确定

41. 燃气灶具点不着火,可以说明燃气用户灶前阀（　　　）。

A. 一定没打开　　　B. 一定打开　　　　C. 可能没打开　　　D. 一定关闭

42. 使用压电陶瓷点火的燃气灶具与电脉冲点火的燃气灶具相比,点火成功率（　　　）。

A. 高　　　　　　　B. 低　　　　　　　C. 一样　　　　　　D. 不能确定

43. 使用电脉冲点火的燃气灶具与压电陶瓷点火的燃气灶具相比,点火成功率（　　　）。

A. 高　　　　　　　B. 低　　　　　　　C. 一样　　　　　　D. 不能确定

44. 燃气灶具压电陶瓷使用一段时间后,压电陶瓷慢慢失效,燃气灶具会（　　　）。

A. 点不着火　　　　　　　　　　　　　　B. 点火多次才能点着,并伴随有爆燃

C. 点火多次才能点着,不会有爆燃　　　　D. 不能确定

45. 使用电脉冲点火的燃气灶具,点火时发现点火声音变弱,表明（　　　）。

A. 干电池电量充足　　　　　　　　　　　B. 干电池电量不足

C. 燃气压力不足　　　　　　　　　　　　D. 燃气压力过大

46. 当燃气灶具发生回火时,火焰传播速度 S_n 与燃气和空气混合物从火孔喷出的速度 V_n 的关系是（　　　）。

A. $S_n > V_n$　　　B. $S_n < V_n$　　　C. $S_n = V_n$　　　D. 不能确定

47. 当燃气灶具发生脱火时,火焰传播速度 S_n 与燃气和空气混合物从火孔喷出的速度 V_n 的关系是（　　　）。

A. $S_n > V_n$　　　B. $S_n < V_n$　　　C. $S_n = V_n$　　　D. 不能确定

48. 燃气的火焰传播速度越（　　　）,越容易发生离焰。

A. 大   B. 小

C. 接近无穷大   D. 接近火孔出口速度

49. 燃气灶具产生黄焰时,调大风门主要是为了( )。

   A. 增加一次空气量   B. 减少一次空气量

   C. 增加二次空气量   D. 减少二次空气量

50. 烟道式燃气热水器出现微动开关没被推开不着火,故障应在( )。

   A. 水路系统   B. 气路系统

   C. 电路系统   D. 安全控制系统

51. 烟道式燃气热水器出现微动开关被推开但不着火,原因是( )。

   A. 水路堵塞   B. 水压不足

   C. 皮膜穿孔   D. 电池没电

51~100 题

52. 烟道式燃气热水器由于水压过低出现微动开关没被推开不着火,应( )。

   A. 开大水量调节阀   B. 关小水量调节阀

   C. 增设水泵,从管网抽水   D. 增设水泵,从水池抽水

53. 烟道式燃气热水器因点火器损坏出现微动开关被推开但不着火,应( )。

   A. 更换点火器   B. 更换微动开关

   C. 维修点火器   D. 维修微动开关

54. 烟道式燃气热水器有点火声音但点不着,故障应在( )。

   A. 水路系统   B. 气路系统

   C. 电路系统   D. 安全控制系统

55. 烟道式燃气热水器由于点火针对应火孔被堵塞导致有点火声音但点不着,应( )。

   A. 更换火排   B. 清理点火针对应的喷嘴

   C. 清理点火针对应的火孔   D. 清理气路中的滤网

56. 烟道式燃气热水器能点着火但留不住火,原因是( )。

   A. 点火针安装位置过高   B. 感应针安装位置过高

   C. 微动开关损坏   D. 水路堵塞

57. 烟道式燃气热水器由于离子感应针安装位置过高导致能点火但留不住火,应( )。

   A. 调整感应针高度,让火焰能烧到感应针

   B. 调整感应针高度,让火焰不能烧到感应针

   C. 调整点火针高度,让火焰能烧到感应针

   D. 调整点火针高度,让火焰不能烧到感应针

58. 燃气的华白指数的作用主要是( )。

   A. 控制燃气设备的热效率   B. 控制燃气设备的热负荷

   C. 控制燃烧火焰的稳定性   D. 控制燃烧火焰的高度

59. 燃气的燃烧速度指数的作用主要是( )。
    A. 控制燃气设备的热效率　　　　　　B. 控制燃气设备的热负荷
    C. 控制燃烧火焰的稳定性　　　　　　D. 控制燃烧火焰的高度

60. A、B 两种燃气华白指数满足互换要求,燃烧速度指数不满足要求,现用 A 燃气的设备来烧 B 燃气会( )。
    A. 设备的热负荷变化不大,火焰不稳定
    B. 设备的热负荷变化不大,火焰稳定
    C. 设备的热负荷变化很大,火焰不稳定
    D. 设备的热负荷变化很大,火焰稳定

61. 当燃气的华白指数变小时,烟道式燃气热水器的喷嘴直径一定要( )。
    A. 变大　　　　　B. 变小　　　　　C. 不变　　　　　D. 以上都可以

62. 当需要减小烟道式燃气热水器火力调节阀的阀芯过气孔直径来适应燃气华白指数的变化时,燃气的华白指数( )。
    A. 增加　　　　　B. 减小　　　　　C. 不变　　　　　D. 以上都可以

63. 当燃气的华白指数变化时,烟道式燃气热水器改装风门主要是改变( )。
    A. 一次空气量　　　B. 二次空气量　　　C. 过剩空气量　　　D. 理论空气量

64. 安全管理工作的方针是( )。
    A. 安全第一,预防为主　　　　　　B. 管生产必须管安全
    C. 谁主管,谁负责　　　　　　　　D. 企业负责,行业管理

65. 根据相关条例,对居民用户燃气设施和安全用气情况每( )月至少检查一次,并做好记录,发现安全隐患的,应当及时书面告知用户整改。
    A. 12　　　　　B. 24　　　　　C. 6　　　　　D. 18

66. 下列四种气体,( )无色无味,不容易察觉。
    A. 氯气　　　　　B. 一氧化碳　　　　　C. 硫化氢　　　　　D. 二氧化硫

67. 燃气管道的查漏,最常用、最简单的一种方法是( )。
    A. 用检漏仪检查　　　　　　　B. 用 U 形压力计查漏
    C. 用眼看、手摸配合起来查漏　　D. 用肥皂液查漏

68. 在管道气密测试中,测试内漏是( )。
    A. 测试管道的压力
    B. 测试燃气表前阀门在关闭状况下是否漏气
    C. 测试燃气表是否漏气
    D. 测试管内的空气成分

69. 抢险人员到达燃气管道抢险现场后,对现场进行检查确认,首先要进行( )的检测。
    A. 燃气浓度　　　B. 空气浓度　　　C. 氮气浓度　　　D. 氧气浓度

70. 爆炸性危险场所事故排风机使用电动机的控制设备应选用( )类型的控制设备。
    A. 防爆　　　　　B. 开启　　　　　C. 防水　　　　　D. 防尘

71. 下列不属于我国公民基本道德规范的是(　　)。
　　A. 谨慎小心　　　　B. 明礼诚信　　　　C. 团结友善　　　　D. 敬业奉献

72. 以下不属于燃气行业从业人员职业守则的是(　　)。
　　A. 爱岗敬业、钻研技术　　　　　　B. 多交朋友、崇尚个性
　　C. 遵纪守法、上门服务　　　　　　D. 责任意识、安全至上

73. 关于座次礼仪的使用场合表述不正确的是(　　)。
　　A. 会议　　　　　　B. 宴会　　　　　　C. 学生上课　　　　D. 坐电梯

74. 图样中,机件的可见轮廓线用(　　)画出,不可见轮廓线用虚线画出。
　　A. 粗实线　　　　　B. 细实线　　　　　C. 虚线　　　　　　D. 点画线

75. 正投影的基本特征是真实性、积聚性和(　　)。
　　A. 类似性　　　　　B. 不确定性　　　　C. 确定性　　　　　D. 度量性

76. 平行于水平面,同时倾斜于正面和侧面的直线称为(　　)。
　　A. 水平线　　　　　B. 正平线　　　　　C. 侧平线　　　　　D. 平行线

77. 图样上的尺寸单位,标高及总平面以 m 为单位,其他必须以(　　)为单位。
　　A. cm　　　　　　　B. mm　　　　　　　C. m　　　　　　　　D. km

78. 下面哪一项不是产生电的方法? (　　)
　　A. 太阳能电池把光能转换成电能　　　　B. 热电偶将热能转换成电能
　　C. 压电陶瓷将压力能转换成电能　　　　D. 电风扇将电能转换为风能

79. 方向不随时间而变化的电流称为(　　)。
　　A. 直流电　　　　　B. 交流电　　　　　C. 静电　　　　　　D. 感应电

80. 最简单的电路由电源、(　　)和连接导线组成。
　　A. 负载　　　　　　B. 电压　　　　　　C. 电流　　　　　　D. 电阻

81. 为了燃气燃烧的完全,实际供给的空气量比理论空气量(　　)。
　　A. 多　　　　　　　B. 少　　　　　　　C. 一样　　　　　　D. 看具体情况

82. 能够反映燃烧稳定状态的参数,即反映燃烧火焰产生离焰、黄焰、回火和不完全燃烧的倾向性参数的是(　　)。
　　A. 华白指数　　　　B. 燃烧势　　　　　C. 热值　　　　　　D. 密度

83. 空气中一氧化碳有毒气体达到(　　)% ,就可以使人中毒以致死亡。
　　A. 0.1 ~ 0.03　　　B. 0.02 ~ 0.04　　　C. 0.04 ~ 0.06　　　D. 0.4 ~ 0.6

84. 家用燃气灶主要由供气系统、燃烧系统、辅助系统和(　　)四部分组成。
　　A. 供水系统　　　　B. 电力系统　　　　C. 安全控制系统　　D. 排气系统

85. 燃气热水器的热效率不应小于(　　)。
　　A. 55%　　　　　　B. 70%　　　　　　C. 80%　　　　　　　D. 90%

86. 液化石油气组分中的丁烷点火能约为(　　)MJ 。
　　A. 40　　　　　　　B. 45　　　　　　　C. 66　　　　　　　　D. 76

87. 一次能源可分为可再生能源和(　　)。
　　A. 清洁能源　　　　B. 二次能源　　　　C. 不可再生能源　　D. 天然能源

88. 乙烷的分子式是(　　)。

A. C_2H_2　　　　B. C_2H_4　　　　C. C_2H_6　　　　D. C_2H_8

89. 天然气的沸点是(　　)℃。

A. −42　　　　B. 0　　　　C. −82.3　　　　D. −161.5

90. 液化石油气的临界压力是(　　)MPa。

A. 3.53~4.45　　B. 2.23~3　　C. 1.5~4　　D. 6.3~7

91. 安装热水器的房间,在门的下部应预留有效面积(　　)的百叶窗或通风口。

A. 不小于 0.05 m^2　　　　　　B. 不小于 0.04 m^2

C. 不小于 0.03 m^2　　　　　　D. 不小于 0.02 m^2

92. 安装强排式热水器时,电源插座应距离热水器(　　)cm 以外。

A. 15　　　　B. 20　　　　C. 30　　　　D. 40

93. 以下哪项不是家用燃气热水器常用的电源?(　　)

A. 电池　　　　B. 市电　　　　C. 220 V,50 Hz　　　　D. 380 V,50 Hz

94. 下列选项中不属于燃气热水器软管连接的是(　　)。

A. 承插接头　　B. 螺纹接头　　C. 专用卡箍　　D. 焊接接头

95. 居民用气设备的水平烟道应有(　　)坡向燃气用具的坡度。

A. 1%　　　　B. 1.5%　　　　C. 2%　　　　D. 3%

96. 燃气热水器点火装置在无风状态下,连续点火 10 次,着火次数应不少于(　　)次。

A. 7　　　　B. 8　　　　C. 9　　　　D. 10

97. 安装家用燃气热水器的房间的耐火等级不得低于(　　)。

A. 四级　　　　B. 三级　　　　C. 二级　　　　D. 一级

98. 读取 U 形水柱压力计示值,应取水面的(　　)。

A. 凹月面最下缘　　B. 凸月面最上缘　　C. 水平面　　D. 都可以

99. 当检测比空气轻的燃气时,燃气泄漏报警器与燃具或阀门的水平距离不得大于(　　)m。

A. 8　　　　B. 9　　　　C. 10　　　　D. 12

100. 供应用户的液化石油气钢瓶内气体压力大约为(　　)。

A. 2.8 kPa　　　　　　B. 3 kgf/cm^2

C. 4.5 kgf/cm^2　　　　D. 7.5 kgf/cm^2

101. 地上室内低压燃气管道气密性试验压力为 5 000 Pa,用(　　)方法检查各连接部位,无泄漏后稳定 10 min,用 U 形水柱压力计观察,压力计读数不下降为合格。

A. 涂刷肥皂水　　　　　　B. 外观目测

C. 精密压力表　　　　　　D. 温度计

101~150题

102. 户内燃气通气直接置换时,采用(　　)置换供气系统中的空气。

A. 燃气　　　　B. 空气　　　　C. 氧气　　　　D. 氮气

103. 关于燃气灶具燃烧工况说法不正确的是(　　)。

A. 正常燃烧工况为不离焰,不回火,但允许黄焰

B. 离焰就是火焰从燃烧气火孔全部或部分离开的现象

C. 回火就是火焰在燃烧器内部燃烧的现象

D. 脱火程度比离焰严重

104. 燃气灶具内圈火喷嘴轴线应(　　　)。

A. 在内圈火引射器上方　　　　　　　B. 在外圈火引射器上方

C. 与内圈火引射器重合　　　　　　　D. 与外圈火引射器重合

105. 燃气灶具点火针离金属的距离小于 2 mm 时会(　　　)。

A. 有火花,点不着火　　　　　　　　B. 没有火花,点不着火

C. 有火花,能点着火　　　　　　　　D. 没有火花,能点着火

106. 燃气灶具在工作时,热电偶应(　　　)。

A. 被内圈火焰烧到　　　　　　　　　B. 被外圈火焰烧到

C. 避免被火焰烧到　　　　　　　　　D. 以上都可以

107. 测试燃气灶具干电池是否有电,可用万用表的(　　　)挡位来检测。

A. 直流电流　　　B. 直流电压　　　C. 交流电流　　　D. 交流电压

108. 燃气灶具微动开关的一对线,在触点没被压紧时处于(　　　)状态。

A. 接通　　　B. 不接通　　　C. 有电压　　　D. 没电压

109. 燃气灶具电磁阀的一对线,电阻为无穷大时,说明电磁阀线圈处于(　　　)状态。

A. 断路　　　B. 短路　　　C. 正常　　　D. 接通

110. 当有火焰烧到燃气灶具热电偶时,热电偶会产生(　　　)。

A. 直流电流　　　B. 直流电压　　　C. 交流电流　　　D. 交流电压

111. 测试燃气灶具点火器是否正常,可通过更换点火器试验,用于更换试验的点火器必须确认(　　　)。

A. 正常　　　B. 损坏　　　C. 不能用　　　D. 以上都可以

112. 使用电脉冲点火的燃气灶具,点火时发现点火声音变弱,表明(　　　)。

A. 干电池电量充足　B. 干电池电量不足　C. 燃气压力不足　D. 燃气压力过大

113. 当燃气灶具发生回火时,火焰传播速度 S_n 与燃气和空气混合物从火孔喷出的速度 V_n 的关系是(　　　)。

A. $S_n > V_n$　　　B. $S_n < V_n$　　　C. $S_n = V_n$　　　D. 不能确定

114. 燃气的火焰传播速度越(　　　),越容易发生脱火。

A. 大　　　　　　　　　　　　　　　B. 小

C. 接近无穷大　　　　　　　　　　　D. 接近火孔出口速度

115. 可燃气体的爆炸上限是指爆炸混合物当中可燃气体的含量(　　　)形成爆炸混合物的含量。

A. 一直增加到不能　　　　　　　　　B. 一直减少到不能

C. 一直增加到可以　　　　　　　　　D. 一直减少到可以

116. 立管安装时,距水池的距离不小于(　　　)mm。

A. 100　　　　　　B. 200　　　　　　C. 300　　　　　　D. 400

117. 热水器在使用过程中,对于必须触及的部位表面温升不应超过(　　　)℃。

A. 30 　　　　　B. 50 　　　　　C. 65 　　　　　D. 90

118. 用于安装管道、设备时找平用的尺子为(　　)。

A. 水平尺 　　　B. 钢卷尺 　　　C. 钢直尺 　　　D. 直角尺

119. 烟道式燃气热水器过热保护装置的一对线,在出水温度较低时处于(　　)状态。

A. 接通 　　　　B. 不接通 　　　C. 有电压 　　　D. 没电压

120. 测试插座是否有电,可用万用表的(　　)挡位来检测。

A. 直流电流 　　B. 直流电压 　　C. 交流电流 　　D. 交流电压

121. 不拆面板检测强排水气联动式燃气热水器的保险丝,可用万用表检测热水器插头的(　　)两个脚来判断。

A. E 和 L 　　　B. E 和 N 　　　C. L 和 N 　　　D. 任意两个脚

122. 强排水气联动式燃气热水器变压器的一组线圈,电阻为 0 时,说明变压器这组线圈处于(　　)状态。

A. 断路 　　　　B. 短路 　　　　C. 正常 　　　　D. 开路

123. 感应负压常开型风压开关的正压口应(　　)。

A. 连接负压软管 　B. 封闭 　　　C. 连通大气 　　D. 以上都可以

124. 用万用表检测感应正压常闭型风压开关,当在正压软管上吹一口气时,接线应(　　)。

A. 由通变断 　　B. 由断变通 　　C. 通断状态不变 　D. 以上都有可能

125. 燃气华白指数的单位(　　)。

A. 与密度单位相同 　　　　　　B. 与热值单位相同

C. 与相对密度单位相同 　　　　D. 没有单位

126. 一台燃气灶的铭牌上标明灶具的热负荷是 4.0 kW,该负荷指的是(　　)。

A. 内圈火负荷 　　　　　　　　B. 外圈火负荷

C. 外圈火负荷加内圈火负荷 　　D. 外圈火负荷减内圈火负荷

127. 一台天然气燃气灶具的铭牌上标明灶具的热负荷是 4.0 kW,天然气的热值是 36 MJ/m^3,该天然气燃气灶具的用气量是(　　)m^3/h。

A. 4 　　　　　B. 0.4 　　　　　C. 0.04 　　　　D. 0.004

128. 燃气热水器热负荷的单位是(　　)。

A. kJ 　　　　　B. kW 　　　　　C. m^3/h 　　　　D. kJ/m^3

129. 对于可以冬夏转换调节的燃气热水器,冬、夏的热效率关系(　　)。

A. 相等 　　　　　　　　　　　B. 冬天的大于夏天的

C. 夏天的大于冬天的 　　　　　D. 以上都有可能

130. 燃气热水器热水产率的单位是(　　)。

A. kJ 　　　　　B. kW 　　　　　C. L/min 　　　　D. 没有单位

131. 任何单位和个人未经燃气企业同意,(　　)开启或关闭燃气管道系统上的公共阀门,消防紧急情况除外。

A. 禁止 　　　　B. 任意 　　　　C. 定期 　　　　D. 可以

132. 安全检查时,从门外闻到用户家中有燃气味,应采用(　　)方式通知用户。

　　A. 按门铃　　　　　　B. 敲门　　　　　C. 打用户对讲电话　　D. 打用户电话

133. 我国消防工作的方针是(　　)。

　　A. 安全第一,预防为主　　　　　　　　B. 预防为主,防消结合

　　C. 领导挂帅,层层落实　　　　　　　　D. 优先救人,其次救火

134. 抢险人员到达燃气管道抢险现场后,对现场进行检查确认,首先要进行(　　)的检测。

　　A. 燃气浓度　　　　B. 空气浓度　　　　C. 氮气浓度　　　　D. 氧气浓度

135. 户内燃气泄漏,抢修人员进行维修时,发现 CO 含量超过(　　)ppm,如果没有佩戴呼吸装置,必须马上停止工作离开现场。

　　A. 75　　　　　　　B. 50　　　　　　　C. 100　　　　　　　D. 25

136. 管道燃气连续中断供气(　　)h 以上的,燃气企业应当采取措施,保障用户的生活用气。

　　A. 12　　　　　　　B. 24　　　　　　　C. 36　　　　　　　D. 48

137. 使用灭火器灭火时,应射向(　　)位置才能有效将火扑灭。

　　A. 火源底部　　　　B. 火源中间　　　　C. 火源顶部　　　　D. 火源四周

138. 民用灶具的灶前压力波动范围应该在(　　)倍的额定压力范围内。

　　A. 0.5 ~ 1　　　　B. 0.5 ~ 1.5　　　　C. 0.75 ~ 1.5　　　D. 0.75 ~ 1

139. 使用 CH_4 检测仪检测天然气置换后的管网内 CH_4 浓度,当连续(　　)次检测 CH_4 浓度达到 70% 后,确认置换合格。

　　A. 1　　　　　　　B. 2　　　　　　　C. 3　　　　　　　D. 4

140. 户内燃气泄漏严重时,下列措施不正确的是(　　)。

　　A. 切勿触动任何电开关　　　　　　　　B. 切勿吸烟

　　C. 用明火寻找漏气点　　　　　　　　　D. 在燃气污染区不要使用电话

141. 管道的斜轴测图时,一般 OY 轴选定为(　　)走向的轴。

　　A. 前后　　　　　　B. 上下　　　　　　C. 高度　　　　　　D. 左右

142. 下面哪一项不是产生电的方法?(　　)

　　A. 太阳能电池把光能转换成电能

　　B. 热电偶将热能转换成电能

　　C. 压电陶瓷将压力能转换成电能

　　D. 电风扇将电能转换为风能

143. 最简单的电路由电源、(　　)和连接导线组成。

　　A. 负载　　　　　　B. 电压　　　　　　C. 电流　　　　　　D. 电阻

144. 下列哪项不是按照机壳防护形式分类的三相异步电动机?(　　)

　　A. 鼠笼式　　　　　B. 开启式　　　　　C. 防护式　　　　　D. 封闭式

145. 为了燃气燃烧的完全,实际供给的空气量比理论空气量(　　)。

　　A. 多　　　　　　　B. 少　　　　　　　C. 一样　　　　　　D. 看具体情况

146. 空气中一氧化碳有毒气体达到(　　),就可以使人中毒以至死亡。

A. 0.01% ~0.03% B. 0.02% ~0.04%

C. 0.04% ~0.06% D. 0.4% ~0.6%

147. 燃气热水器的热效率不应小于( )。

A. 55% B. 70% C. 80% D. 90%

148. 热水产率为 10 L 的热水器,每小时消耗天然气约为( )m³/h。

A. 1.55 B. 1.92 C. 2.0 D. 2.5

149. 根据民用燃具点火要求,燃气热水器与对面墙之间净距至少应为( )m。

A. 1 B. 1.5 C. 2 D. 2.5

150. 居民用气设备的水平烟道应有( )坡向燃气用具的坡度。

A. 1% B. 1.5% C. 2% D. 3%

151. 民用燃气热水器属于( )。

A. 低压燃气用具 B. 中压燃气用具

C. 高压燃气用具 D. 可调压燃气用具

151~200 题

152. 燃气比例阀中,( )之间存在比例关系。

A. 燃气量与水压 B. 燃气压与电流

C. 燃气量与电流 D. 电压与电流

153. 一台燃气热水器的型号为 JLQ20 – B23,其中"JL"代表( )。

A. 供热水的热水器 B. 供暖的热水器

C. 供热水和供暖的热水器 D. 排气方式

154. 商用燃气设备可安装在下列哪些地方?( )

A. 警卫室 B. 值班室 C. 人防工程 D. 通风良好的房间

155. 设置在地下室、半地下室或地上密闭房间内的商业用户燃气灶具应设置独立的机械排风系统,下列说法正确的是( )。

A. 正常工作时,换气次数不应小于 3 次/h

B. 事故通风时,换气次数不应小于 6 次/h

C. 不工作时,换气次数不应小于 3 次/h

D. 事故通风时,换气次数不应小于 9 次/h

156. 居民用户通气前,应对用户低压燃气管道系统进行( )Pa、( )min 的气密性试验,以水柱压力计读数不下降为合格。

A. 5 000 10 B. 5 000 5 C. 6 000 10 D. 6 000 5

157. 下列( )情况可以通气点火。

A. 镀锌燃气管道在吊顶内暗封时,沿管道走向下方吊顶的有效通风面积为 80 cm²/m(管道暗封长度)

B. 镀锌燃气管道暗封在吊柜、地柜内时,吊柜、地柜的有效通风面积为 200 cm²/m²(柜底面积)

C. 燃气管道与电器设备、其他管道的净距小于规范的要求

D. 燃气热水器与明装的绝缘电线水平净距为 300 mm

158. 燃气热水器点火针清理不当,有可能导致( )。

A. 脱火　　　　　　　B. 回火　　　　　　C. 黄焰　　　　　　D. 点不着火

159. 燃气灶具风门调节过小时,一次空气量将会(　　)。

A. 增加　　　　　B. 减少　　　　　C. 不变　　　　　D. 不能确定

160. 测试燃气灶具干电池是否有电可通过听点火声音来判断,点火声音(　　)时,说明干电池有电。

A. 较大　　　　　B. 较小　　　　　C. 较快　　　　　D. 较慢

161. 燃气灶具电磁阀的一对线,电阻为零时,说明电磁阀线圈处于(　　)状态。

A. 断路　　　　　B. 短路　　　　　C. 正常　　　　　D. 开路

162. 当有火焰烧到燃气灶具热电偶时,热电偶不会产生直流(　　),说明热电偶(　　)。

A. 电流　正常　　B. 电压　损坏　　C. 电流　损坏　　D. 电压　正常

163. 下列哪种方法能用来检测燃气灶具点火器是否正常?(　　)

A. 用万用表检测　B. 用试电笔检测　C. 更换点火器试验　D. 以上都可以

164. 燃气的火焰传播速度越(　　),越容易发生回火。

A. 大　　　　　　　　　　　B. 小

C. 接近零　　　　　　　　　D. 接近火孔出口速度

165. 燃气灶具产生黄焰时,调大风门主要是为了(　　)。

A. 增加一次空气量　　　　　B. 减少一次空气量

C. 增加二次空气量　　　　　D. 减少二次空气量

166. 当燃气燃烧器具燃烧时,由于燃气压力变小而发生回火,可以采用下列哪种措施解决?(　　)

A. 疏通出火孔　　　　　　　B. 开大燃气开关

C. 调风门　　　　　　　　　D. 调整燃气的供气压力

167. 当家用燃气燃烧器具由于燃气量相对增加引起黄焰时,可以采用下列哪种措施来解决?(　　)

A. 关小燃气阀门　　　　　　B. 调小燃烧器具的阀门

C. 减少燃气的喷嘴直径　　　D. 调大风门

168. 当家用燃气燃烧器具因点火和通气紊乱引起爆燃,可以采用下列哪种措施来解决?(　　)

A. 调节风门　　　B. 清理火孔　　　C. 更换点火控制器　D. 更换电池

169. 当电子打火燃气灶具使用时,出现看不到火花并且点不着火的情况,应该检查(　　)。

A. 供气系统　　　B. 点火系统　　　C. 燃烧系统　　　D. 安全控制系统

170. 当电脉冲点火燃气灶具使用时,出现没有火花点不着火的情况,下列检查不正确的是(　　)

A. 检查点火针高压导线是否脱落　　B. 检查点火针是否积碳

C. 检查电池是否有电　　　　　　　D. 检查燃气阀门是否打开

171. 当由于升压装置损坏导致电脉冲点火燃气灶具使用时出现没有火花点不着火的

情况,正确的处理是(   )。

    A.更换点火针   B.更换干电池   C.更换点火器   D.更换高压导线

172.当火焰烧到感应针时,由感应针和点火器组成的回路中会产生(   )。

    A.直流电流   B.交流电流   C.电动势   D.电阻

173.家用燃气灶具因阀芯与阀座间密封脂干固发生漏气时应(   )。

    A.用密封胶堵漏   B.更换阀芯

    C.直接重新涂上密封脂   D.清理干净后再涂上密封脂

174.测试烟道式燃气热水器干电池是否有电可通过听点火声音来判断,点火声音
(   )时,说明干电池有电。

    A.较大   B.较小   C.较快   D.较慢

175.用试电笔测试插座是否有电,试电笔应插到插座的(   )上。

    A.火线   B.零线   C.地线   D.以上都可以

176.强排水气联动式燃气热水器变压器的一组线圈,电阻为零时,说明变压器这组线
圈处于(   )状态。

    A.断路   B.短路   C.正常   D.开路

177.强排水气联动式燃气热水器交流风机的线圈,电阻为零时,说明交流风机线圈处
于(   )状态。

    A.断路   B.短路   C.正常   D.开路

178.用万用表测量数码恒温式燃气热水器水流量传感器的输入电压时,万用表应选
择(   )挡位。

    A.直流电压   B.直流电流   C.交流电流   D.交流电压

179.一台燃气灶具的铭牌上标明灶具的热负荷是 4.0 kW,内圈火负荷与外圈火负荷
之比为 1:3,则内圈火负荷是(   ) kW。

    A.4.0   B.1.0   C.3.0   D.2.0

180.一般情况下,如进入客户房产内进行安装工作时,首要的安全工作是(   )。

    A.气密测试   B.检查燃气用具

    C.打开门窗使空气流通   D.切断水、电及燃气供应

181.某一燃气灶的型号为 JZT2 型,其中"T"表示(   )气体。

    A.人工煤气   B.天然气   C.液化石油气   D.代天然气

182.燃气表低位安装时,离地面应大于(   )m。

    A.0.1   B.1.8   C.2.0   D.2.5

183.管道内阻力与管内壁的粗糙度有关,管子越粗糙,其阻力(   )。

    A.越大   B.越小   C.相等   D.为零

184.某一大锅灶的型号为 DZR1000 - A,其中"DZ"表示(   )。

    A.炊用燃气大锅灶   B.燃气种类

    C.灶眼数   D.燃烧方式

185.燃气管道置换空气的方法有(   )。

    A.蒸汽吹扫和水冲洗   B.空压机的气体和氧气吹扫

　　C.惰性气体和燃气置换　　　　　　　　　　D.以上三种都可以

186.沿墙、柱、楼板、设备构件上明设的燃气管道应采用支架、管卡或吊卡固定。公称直径为 DN50 的燃气钢管最大的间距为(　　)m。

　　A.5　　　　　　　　B.5.5　　　　　　　　C.6　　　　　　　　D.6.5

187.对燃具燃烧稳定性来说,在(　　)倍燃烧额定压力范围内,燃烧时火焰应稳定,不得产生黄焰、回火、脱火和离焰现象。

　　A.0.5~1.5　　　　B.1.5~2　　　　　　C.2~2.5　　　　　　D.2.5~3

188.民用燃具形成黄焰的主要原因是(　　)。

　　A.燃气压力高　　　　　　　　　　　　　B.火孔直径变小

　　C.一次空气量供给不足　　　　　　　　　D.供气量过大

189.各种金属材料的强度指标可以用(　　)大小来表示。

　　A.屈服强度　　　　　　　　　　　　　　B.抗拉强度

　　C.压力　　　　　　　　　　　　　　　　D.应力

190.(　　)强度是评定金属材料质量的重要机械性能指标。

　　A.屈服　　　　　　　B.抗拉　　　　　　C.抗压　　　　　　D.抗剪

191.民用皮膜式燃气表的工作压力范围是(　　)Pa。

　　A.500~3 000　　　B.550~3 500　　　C.600~4 000　　　D.650~4 500

192.安装灶具的房间高度不得低于(　　)m。

　　A.2　　　　　　　　B.2.4　　　　　　　C.2.2　　　　　　　D.1.8

193.高层建筑户内立管应考虑工作环境温度下的(　　)变化,并应考虑变形补偿。

　　A.大小　　　　　　　B.极限　　　　　　C.压力　　　　　　D.弯曲

194.室内燃气管道与墙面的净距:当管径小于 25 mm 时,不小于 (　　)mm。

　　A.15　　　　　　　　B.20　　　　　　　　C.30　　　　　　　D.35

195.当燃气设施发生火灾时,应采取切断气源或降低压力等方法控制火势,并应防止产生(　　)。

　　A.正压　　　　　　　B.中压　　　　　　C.负压　　　　　　D.高压

196.当燃气和空气混合时,下列哪种情况可能发生爆炸? (　　)

　　A.混合浓度低于爆炸浓度的下限　　　　　B.混合浓度介于爆炸上、下限之间

　　C.混合浓度高于爆炸浓度的上限　　　　　D.混合浓度等于爆炸浓度下限的20%

197.室内燃气管道的立管上、下两端应分别装设(　　),以利于放散、置换和排除污物。

　　A.法兰　　　　　　　B.三通　　　　　　C.丝堵　　　　　　D.弯头

198.水平烟道应有(　　)坡度,并坡向用气设备。

　　A.0.1　　　　　　　B.0.01　　　　　　C.1.0　　　　　　　D.0.001

199.阀门型号中,"Q"表示(　　)。

　　A.闸阀　　　　　　　B.截止阀　　　　　C.球阀　　　　　　D.蝶阀

200.燃气表不能安装在以下哪些地方? (　　)

　　A.浴室　　　　　　　　　　　　　　　　B.卧室

C. 放置化学危险品的地方 D. 以上三处都不能

(二) 判断题

1. 服务是一方能够向另一方提供的任何一项活动或利益,它本质上是无形的,并且不产生对任何东西的所有权问题,它的产生可能与实际产品有关,也可能无关。 ( )

2. 一般情况下,一个图样应选用一种比例。根据专业制图需要,同一图样可选用两种比例。 ( )

1~60 题

3. 当管道交叉时,在双、单线图中可见的管道应画实线,不可见的管道采用断开画法表示。 ( )

4. 正电荷流动的方向规定为电流的正方向。 ( )

5. 可燃物与助燃物要达到一定的比例,才能引起燃烧。 ( )

6. 燃烧的稳定性是以有无脱火、回火和黄焰的现象来衡量的。 ( )

7. 通常把压力表中所显示的压力数值称为绝对压力。 ( )

8. 燃气灶具的额定燃气供应压力一般为 2 000 Pa。 ( )

9. 管子焊接时,管壁超过 3 mm 时可不打坡口,但要留出 1~2 mm 的间隙。 ( )

10. 法兰连接时,法兰之间应加软质垫圈,以保证连接的气密性,输送液化石油气或天然气时,常用石棉橡胶垫圈。 ( )

11. 由于铜管耐腐蚀的特性,所以可以将其用于明装燃气管道。 ( )

12. 燃气泄漏报警器根据气源性质的不同来选择高位安装或低位安装。 ( )

13. 安装抽油烟机时,必须保持抽油烟机的水平度,若有倾斜影响机内油的流动,可能会出现漏油现象。 ( )

14. 用户不得自行将 LPG 钢瓶内气体向其他瓶内倒装,严禁自行处理瓶内残液,否则遇到明火会立即引起燃烧或爆炸。 ( )

15. 大气式火焰的稳定性,主要指不回火、不离焰、不脱火,发生黄焰是允许的。 ( )

16. 燃气灶具离子感应针积碳时,会使燃气灶具能点火,但留不住火。 ( )

17. 燃气灶具离子感应针受潮时,会使燃气灶具能点火,但留不住火。 ( )

18. 使用燃气灶具时,出现气等火时会引起爆燃。 ( )

19. 燃气灶具发生回火是燃气压力过大引起的,可通过调节风门解决回火问题。 ( )

20. 烟道式燃气热水器点火针对应的火孔被堵塞时可能会产生爆燃。 ( )

21. 烟道式燃气热水器工作时应该先听到点火声音,再听到电磁阀起跳声音。 ( )

22. 强排水气联动式燃气热水器开启后没有任何反应可能是保险丝烧掉。 ( )

23. 用万用表检测风机电容时,电容两个端子是导通的,说明电容是好的。 ( )

24. 强排水气联动式燃气热水器开启后风机转动不会点火可能是微动开关损坏。 ( )

25. 当燃气的华白指数变化时,燃气灶具的喷嘴直径一定要改变。 ( )

26. 当燃气的华白指数变小时,燃气灶具的阀芯过气孔直径一定要变小。　　　（　　　）

27. 当燃气的华白指数变化时,强排水气联动式燃气热水器的喷嘴直径一定要改变。

（　　　）

28. 当燃气的华白指数变小时,强排水气联动式燃气热水器火力调节阀的阀芯过气孔直径一定要变小。　　　（　　　）

29. 无毒燃气泄漏到空气中,达到爆炸下限 10% 浓度时,应能察觉。　　　（　　　）

30. 燃气完全燃烧后所产生的烟气全部为不可燃气体。　　　（　　　）

31. 在校期间我们只要认识到职业道德品质的重要性就够了,将来踏上工作岗位自然就能做到按行业规范办事。　　　（　　　）

32. 责任意识、安全至上是燃气具安装维修工安全生产的第一要务。　　　（　　　）

33. 在会议座位安排上,离门最远为上位。　　　（　　　）

34. 正投影法不能准确地反映形体的真实形状和大小,图形度量性差,不便于尺寸标注。　　　（　　　）

35. 直线与平面的相对位置有三种:平行、相交、垂直。　　　（　　　）

36. 管道中的管子、管件及阀门常采用规定的图例来表示,这些图例完全反映实物的真实形象。　　　（　　　）

37. 介于导体和绝缘体之间的物质称为半导体。　　　（　　　）

38. 电阻率小的物质如铜、铝等为导体,电阻率大的物质如橡胶、空气等为绝缘体。

（　　　）

39. 增大人与地面的接触电阻可以防止接触电压与跨步电压触电。　　　（　　　）

40. 在我国,燃气的互换指数采用华白指数和燃烧势两种指标。　　　（　　　）

41. 国家已经明令禁止使用直排式热水器。　　　（　　　）

42. 如果烷烃中的碳原子数为 n,则烷烃中的氢原子数为 $2n$,所以烷烃的分子式可以用通式 C_nH_{2n} 表示。　　　（　　　）

43. 液化石油气常温、常压下呈气态,但适当升高压力或降低温度就可以转为液态。

（　　　）

44. 燃气燃烧的完全程度,通常用烟气中的 CO 含量来表示。　　　（　　　）

45. 采用低 NO_x 技术的燃气具,能同时实现高能效与低 NO_x 排放。　　　（　　　）

46. 气体安全燃烧必须具备一个条件,即维护一定大小的气压差,使燃气的出气速度等于燃烧速度。　　　（　　　）

47. 天然气一般比空气重。　　　（　　　）

48. 配电盘、配电箱或电表与燃气热水器的最小水平净距为 80 mm。　　　（　　　）

49. 燃气热水器安装前,应核对性能、规格、型号、数量是否符合设计文件的要求。

（　　　）

50. 当橡胶软管与热水器相连时,其长度不得超过 3 m。　　　（　　　）

51. 家用燃气灶具类型由燃气热水器的类型代号、燃气安装位置和企业自编号组成。

（　　　）

52. 高压脉冲点火器需要使用外接电源。　　　（　　　）

53. 调压设施不得与管道同时进行吹扫。　　　　　　　　　　　　（　　　）

54. 以天然气为介质的燃气表使用期限不超过 15 年。　　　　　　（　　　）

55. 通气点火前,发现用户表前阀关闭而未进行气密性试验的,必须由施工单位对该户单独进行气密试验,合格后再予以通气点火。　　　　　　　　　　　　　　　　　　　　　（　　　）

56. 燃具点火前,用户可以在现场监督工作人员的点火工作。　　　（　　　）

57. 不正常的部分预混火焰会产生离焰、回火、黄焰等现象。　　　（　　　）

58. 燃气灶具点火针离金属的距离应大于 5 mm。　　　　　　　　（　　　）

59. 水气联动式燃气热水器要提高出水温度只能通过水量调节阀调小水量来实现。
　　　　　　　　　　　　　　　　　　　　　　　　　　　　　（　　　）

60. 燃气灶具风门调节过大时,燃气灶具可能产生黄焰。　　　　　（　　　）

61. 燃气灶具的干电池是否有电可用试电笔来检测。　　　（　　　）

62. 燃气灶具的热电偶是否正常不可用万用表来检测。　　（　　　）

63. 燃气灶具中的干电池没电,应直接更换。　　　　　　（　　　）

64. 燃气的火焰传播速度越大,越容易回火。　　　　　　（　　　）

61 ~ 120 题

65. 燃气燃烧产生黄焰主要是燃烧过程空气过多引起的。　　　　　（　　　）

66. 当燃气具发生离焰是由于燃气压力过小引起时,可通过调节风门解决回火问题。
　　　　　　　　　　　　　　　　　　　　　　　　　　　　　（　　　）

67. 燃气阀门没打开会使电脉冲点火燃气灶具使用时出现没有火花点不着火现象。
　　　　　　　　　　　　　　　　　　　　　　　　　　　　　（　　　）

68. 烟道式燃气热水器的微动开关是否正常可用万用表来检测。　　（　　　）

69. 强排水气联动式燃气热水器的保险丝可通过目视保险管的颜色来检测。（　　　）

70. 感应负压常开型风压开关的接线应接在常闭接点(NC)及公共接点(COM)上。
　　　　　　　　　　　　　　　　　　　　　　　　　　　　　（　　　）

71. 强排水气联动式燃气热水器的风机电容可用试电笔来检测。　　（　　　）

72. 强排水气联动式燃气热水器的点火器是否正常不可用万用表直接检测。（　　　）

73. 数码恒温式燃气热水器的直流风机是否正常不可用万用表来检测。　（　　　）

74. 数码恒温式燃气热水器的过热保护装置是否正常不可用万用表直接检测。
　　　　　　　　　　　　　　　　　　　　　　　　　　　　　（　　　）

75. 液化石油气燃气灶具外圈火的用气量大于内圈火的用气量。　　（　　　）

76. 燃气热水器热负荷是指单位时间燃烧燃气产生的热量。　　　　（　　　）

77. 燃气热水器热效率是指有用的热量占燃气燃烧放出总热量的百分比。（　　　）

78. 燃气热水器的实际出水量不一定等于热水产率。　　　　　　　（　　　）

79. 液化石油气燃气热水器的热负荷越大,喷嘴直径越大。　　　　（　　　）

80. 在未查明事故原因和采取必要安全措施前,不得向燃气设施恢复送气。（　　　）

81. 安全检查时,对存在严重安全隐患而用户拒不整改的,燃气企业可以采取停止供气等安全保护措施。　　　　　　　　　　　　　　　　　　　　　（　　　）

82. 接到有严重泄漏、火灾等重大报警信息时,抢险点应立即出动抢险人、货车或装备车。　　　　　　　　　　　　　　　　　　　　　　　　　　　　（　　　）

83. 燃气软管不合格极易造成燃气泄漏,酿成着火和爆炸伤亡事故。　　　　　(　　)

84. 居民用户浴室内可以使用直排式热水器,但需适当注意通风。　　　　　(　　)

85. 连接燃气管道与燃具的燃气专用软管两端须用管箍紧固。　　　　　(　　)

86. 通过检测仪或检漏液对管道系统进行检测来判断管道系统是否漏气。　　(　　)

87. 室内发生燃气泄漏应迅速启动排气扇排走可燃气体。　　　　　　　(　　)

88. 严密性试压时,除了观察压力表读数,还应利用发泡剂或肥皂水涂抹接口查漏。
　　　　　　　　　　　　　　　　　　　　　　　　　　　　(　　)

89. 对发现私自改管的用户,只要经检测管道系统不漏气,就可以对其开通管道供气。
　　　　　　　　　　　　　　　　　　　　　　　　　　　　(　　)

90. 当燃气设施泄漏处已发生燃烧时,应先采取措施控制火势后再降压或切断气源,可以出现负压。　　　　　　　　　　　　　　　　　　　　　(　　)

91. 接听客户来电时,因为有急事或在接另一个电话而耽搁时,应向来电的客户表示歉意。　　　　　　　　　　　　　　　　　　　　　　　　　(　　)

92. 接名片时,可以用右手或者左手去接。　　　　　　　　　　　(　　)

93. 一般情况下,一个图样应选用一种比例;根据专业制图需要,同一图样可选用两种比例。　　　　　　　　　　　　　　　　　　　　　　　　(　　)

94. 当管道交叉时,在双、单线图中可见的管道应画实线,不可见的管道采用断开画法表示。　　　　　　　　　　　　　　　　　　　　　　　　(　　)

95. 电阻率小的物质如铜、铝等为导体,电阻率大的物质如橡胶、空气等为绝缘体。
　　　　　　　　　　　　　　　　　　　　　　　　　　　　(　　)

96. 燃气燃烧的完全程度,通常用烟气中的 CO 含量来表示。　　　　(　　)

97. 目前,我国燃气具标准规定家用燃气具排放的干烟气中一氧化碳的浓度体积分数不得大于 0.05%。　　　　　　　　　　　　　　　　　　　(　　)

98. 液化石油气以管道、铁路槽车、汽车及槽船等方式从气源厂运输到储运站,然后供给居民使用。　　　　　　　　　　　　　　　　　　　　　(　　)

99. 城市燃气管网根据所采用的管网压力级制不同可分为一级系统、两级系统、三级系统和多级系统。　　　　　　　　　　　　　　　　　　　(　　)

100. 热水器额定热水产率的定义是燃气在额定压力和 0.1 MPa 的水压下,流经热水器的冷水,温度升高 1 ℃时,每分钟流出的热水量。　　　　　　(　　)

101. 燃气管道安装时,在保证安全的情况下,可以将室内低压镀锌钢管埋设在墙体内。　　　　　　　　　　　　　　　　　　　　　　　　　(　　)

102. 旋塞阀可作开启和关闭设备及管道的介质使用,也可作一定程度的节流。
　　　　　　　　　　　　　　　　　　　　　　　　　　　　(　　)

103. 压差式水气联动控制结构的关键部件是文丘里管。　　　　　(　　)

104. 量程相同时,精度为 2.5 级的压力表比精度为 1.6 级的压力表精度等级高。
　　　　　　　　　　　　　　　　　　　　　　　　　　　　(　　)

105. 家用燃气灶具类型由燃气热水器的类型代号、燃气安装位置和企业自编号组成。
　　　　　　　　　　　　　　　　　　　　　　　　　　　　(　　)

106. 热电偶式熄火保护装置与火焰检测棒的工作原理是相同的。　　　　（　　　）

107. 燃烧设备应具有良好的火焰稳定性,即不应有离焰、回火、黄焰或熄火等现象,在一定的燃气压力波动范围内也能稳定燃烧。　　　　　　　　　　　　（　　　）

108. 燃气灶具的感应针应远离火孔,避免被火焰烧到。　　　　　　　（　　　）

109. 水气联动式燃气热水器喷嘴的轴线应在对应引射器轴线的上方。（　　　）

110. 当燃气的火焰传播速度大于燃气和空气混合物从火孔喷出的速度时会发生离焰。　　　　　　　　　　　　　　　　　　　　　　　　　　　　　　（　　　）

111. 燃气燃烧产生黄焰的原因主要是燃烧过程中空气过多。　　　　（　　　）

112. 燃气灶具使用时出现气等火时会引起爆燃。　　　　　　　　　（　　　）

113. 燃气具发生回火是由于火孔直径变大,维修时需更换火盖。　　（　　　）

114. 感应负压常闭型风压开关的接线应接在常开接点(NO)及公共接点(COM)上。　　　　　　　　　　　　　　　　　　　　　　　　　　　　　　　（　　　）

115. 感应正压常开型风压开关的风压软管应接在正压口上。　　　　（　　　）

116. 强排水气联动式燃气热水器的风机电容可用试电笔来检测。　　（　　　）

117. 液化石油气燃气灶具的用气量是内外圈火平均分配的。　　　　（　　　）

118. 天然气燃气灶具外圈火的喷嘴直径大于内圈火的喷嘴直径。　　（　　　）

119. 燃气热水器的实际出水量一定等于热水产率。　　　　　　　　（　　　）

120. 燃气热水器的热负荷约等于热水产率的 2 倍。　　　　　　　　（　　　）

二、答案

(一)单项选择题

1. C	2. C	3. D	4. A	5. C	6. A	7. B	8. C	9. D	10. B
11. A	12. C	13. C	14. C	15. C	16. A	17. B	18. A	19. A	20. C
21. D	22. D	23. B	24. A	25. D	26. D	27. C	28. A	29. D	30. D
31. D	32. A	33. D	34. A	35. B	36. B	37. B	38. A	39. D	40. A
41. C	42. B	43. A	44. B	45. A	46. A	47. B	48. B	49. A	50. A
51. D	52. D	53. A	54. B	55. C	56. B	57. A	58. B	59. C	60. A
61. A	62. C	63. A	64. C	65. C	66. B	67. D	68. B	69. A	70. A
71. A	72. B	73. C	74. A	75. B	76. A	77. B	78. D	79. B	80. A
81. A	82. B	83. C	84. C	85. B	86. A	87. C	88. C	89. D	90. A
91. D	92. C	93. C	94. D	95. C	96. C	97. C	98. C	99. A	100. C
101. A	102. A	103. C	104. C	105. A	106. A	107. B	108. B	109. A	110. B
111. A	112. B	113. A	114. B	115. A	116. B	117. A	118. A	119. B	120. D
121. C	122. B	123. C	124. A	125. D	126. C	127. B	128. B	129. D	130. C
131. A	132. B	133. B	134. A	135. B	136. D	137. B	138. C	139. C	140. C
141. A	142. C	143. B	144. A	145. B	146. C	147. B	148. B	149. C	150. A
151. A	152. C	153. B	154. C	155. C	156. A	157. D	158. B	159. B	160. A
161. B	162. B	163. C	164. A	165. A	166. D	167. C	168. C	169. C	170. D

171. C　172. A　173. D　174. A　175. A　176. B　177. B　178. A　179. B　180. C
181. B　182. A　183. A　184. A　185. C　186. A　187. A　188. C　189. D　190. A
191. A　192. C　193. B　194. C　195. C　196. B　197. C　198. B　199. C　200. D

(二)判断题

1. √　2. √　3. √　4. √　5. √　6. √　7. ×　8. ×　9. ×
10. ×　11. ×　12. √　13. √　14. √　15. ×　16. √　17. ×　18. √
19. ×　20. √　21. √　22. √　23. ×　24. ×　25. √　26. ×　27. √
28. ×　29. √　30. √　31. ×　32. √　33. √　34. ×　35. √　36. ×
37. √　38. √　39. √　40. √　41. √　42. ×　43. √　44. √　45. √
46. √　47. ×　48. ×　49. √　50. √　51. √　52. √　53. √　54. ×
55. √　56. ×　57. √　58. ×　59. ×　60. √　61. ×　62. ×　63. √
64. √　65. ×　66. ×　67. √　68. √　69. √　70. √　71. √　72. √
73. ×　74. √　75. √　76. √　77. √　78. √　79. √　80. √　81. √
82. √　83. √　84. √　85. √　86. √　87. √　88. √　89. √　90. √
91. √　92. ×　93. √　94. √　95. √　96. √　97. √　98. √　99. √
100. ×　101. ×　102. √　103. √　104. ×　105. √　106. √　107. √　108. ×
109. ×　110. ×　111. ×　112. √　113. √　114. ×　115. √　116. ×　117. ×
118. √　119. ×　120. √

11.3　实操模拟题

一、实操模拟题一

(一)根据图纸进行镀锌管螺纹加工、燃气灶具安装(无须进行镀锌管安装)和通气点火

1. 燃气灶安装

(1)镀锌管螺纹加工:截取一段长 20 cm、管径为 DN15 的燃气用镀锌钢管,进行管两端的螺纹加工。

(2)按下图或现场进行燃气灶具安装(无须进行镀锌管的安装)。

(3)安装 U 形压力计,进行严密性试漏 5 min。

(4)按照操作规程正确连接燃气灶具。

2. 燃气灶具通气点火

接通气源,点燃燃气灶,调节风门使火焰正常。

考生准备:

1. 试题名称:根据图纸进行镀锌管螺纹加工、燃气灶具安装(无须进行镀锌管安装)和通气点火。

2. 本题分值:试题(一)中 1. 为 30 分,2. 为 10 分,共 40 分。

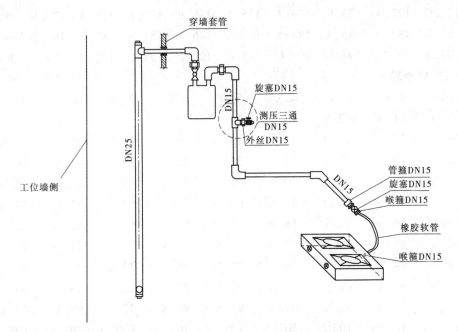

3. 考核时间：试题(一)中1. 为 30 min,2. 为 10 min,共 40 min。

4. 考核形式：实操。

5. 工具及其他准备：铅笔一支。

(二)燃气灶具点火针积碳的清理

考生准备：

1. 试题名称：燃气灶具点火针积碳的清理。

2. 本题分值：20 分。

3. 考核时间：5 min。

4. 考核形式：实操。

5. 工具及其他准备：无。

(三)燃气灶具因点火针位置不对导致点不着火的故障判断与维修

考生准备：

1. 试题名称：燃气灶具因点火针位置不对导致点不着火的故障判断与维修。

2. 本题分值：40 分。

3. 考核时间：30 min。

4. 考核形式：实操。

5. 工具及其他准备：无。

二、实操模拟题二

(一)根据图纸和工位现场安装热水器(无须进行镀锌管安装)并进行通气点火

1. 民用燃气热水器安装

(1)按下图或现场,安装天然气热水器(无须进行镀锌管安装)。

（2）安装 U 形压力计，进行严密性试漏 5 min。

（3）按照操作规程正确连接天然气热水器。

2．民用燃气热水器通气点火及调试

接通气源、电源、水源，操作冬夏转换开关及点动按键或旋转调温钮，调节到合适的洗浴温度。

考生准备：

1．试题名称：根据图纸和工位现场安装热水器（无须进行镀锌管安装）并进行通气点火。

2．本题分值：试题（一）中 1．为 30 分，2．为 20 分，共 50 分。

3．考核时间：试题（一）中 1．为 40 min，2．为 10 min，共 50 min。

4．考核形式：实操。

5．工具及其他准备：铅笔一支。

（二）强排式燃气热水器因插座没电和保险丝熔断导致热水器不工作的故障判断与维修

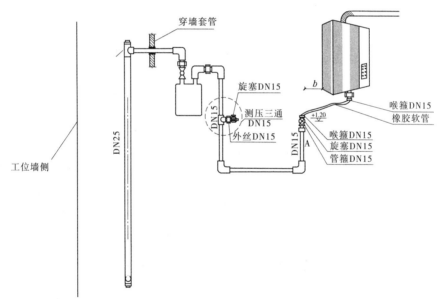

注：图中 b 为燃气热水器边缘与管A外壁的水平距，b=30 cm
热水器的安装高度：热水器的观火孔与人眼平齐即可

考生准备：

1．试题名称：强排式燃气热水器因插座没电和保险丝熔断导致热水器不工作的故障判断与维修。

2．本题分值：50 分。

3．考核时间：30 min。

4．考核形式：实操。

5．工具及其他准备：无。

参考文献

[1] 中国城市燃气协会. 城镇燃气设施运行、维护和抢修安全技术规程实施指南[M].
北京:中国建筑工业出版社,2007.

[2] 詹淑慧,杨光. 城镇燃气安全管理[M].北京:中国建筑工业出版社,2007.

[3] 支晓晔,高顺利.城镇燃气安全技术与管理[M]. 重庆:重庆大学出版社,2014.

[4] 中国就业培训技术指导中心. 燃气具安装维修工[M]. 北京:中国劳动社会保障出
版社,2011.

[5] 任亢健. 家用燃气具及其安装与维修[M]. 北京:中国轻工业出版社,2008.

[6] GB 50028—2006 城镇燃气设计规范[S].